ポチらせる文章術

みんなのコピー 代表
大橋一慶
Kazuyoshi Ohashi

ぱる出版

この本では、あなたに「ポチらせる文章」の書き方をお伝えします。
やあ
ポチる、というと「ネットで商品を買う」という意味で使われる人が多いと思います。
ポチッと
2,000 yen
S/M/L
BUY
僕はコピーライターなので、言葉で商品やサービスを買わせるプロ。
「文章で売上変わるの？」そう思う人もいるかもしれませんが、全っ然変わります。
NO
NO

同じモノでも、
言葉ひとつ変えるだけで、
売上は天地の差。
たとえば、次は
歯科医院に資産運用を
案内した
キャッチコピーです。
キャッチA
なぜ、損金として
外部にはき出し続けた
1000 万円以上の
キャッシュを
いざというとき
経営資金として
取り戻せるのか
7件成約
キャッチB
なぜ、
病院に残るお金が
毎年 100 万円近く
増えるのか？
14件成約
キャッチBは倍の成約数に
なりました。この金融商品の
料金は1000万円以上。
たった数文字の違いが、
売上7000万円の差に
なったってことです。
7000万円
ジャーーーン!!

なんで、ここの言葉を変えただけで、こうまで売上が変わったのか？それは本書を読めば、必ずわかります。
でも、コピーのすごいところって、「購入」してもらうだけでなく、媒体を問わず、発信力を上げられるところ。
僕はみんなのコピーという会社を運営しているのですが、FBページにはフォロワーが1万3016件（2019年10月9日時点）あります。コピーライティング系のFBページではトップクラスの数字で、これは僕の情報を求める人が1万人以上いるってこと。
みんなのコピー
みんなのコピー
ビジネス・経済関連サイト
フォロー中
グループにアクセス
レビュー
写真
投稿
コミュニティ
グループ
13,060
合計「いいね！」
13,016
合計フォロワー
オー

つまり、本書の文章術を学べば、たくさんの人が「うわ、気になる。読んでみたい」って思えるメッセージが作れるようになるってことです。

読んでみたい!!

この本1冊で、あなたのポチらせる力は飛躍的に向上します。

ポチらせる文章術
バーン
文章の力で商品・サービスを売りたい人はもちろん、ブログやSNSで発信力を上げたい人に必ず役立つ内容です。

ブログやSNSで発信力を上げたい!

文章力で売りたい!

あなたの書いた文章がたくさんの人に届くように、
さっそく本編スタート!

GO

登場人物紹介

わかりやすさには自信あるよ～

大橋さん

セールスコピーのプロ。普段は日本全国にいる受講生に「売れるコピーライティング」の書き方を指導している。いろはから「あんた」呼ばわりされているが気にする様子もなく、ターゲットの心に響くコピーを書くために必要なことを、惜しみなく教えてくれる。

みんなまとめて、ぶっとばす！

いろはちゃん

作業着や資材などを販売する、ガテン系用品わくわくワークの販売員兼事務員。仕事内容は店内やバックヤード業務など……つまり、なんでも屋。コピーライティングについてはド素人。ぷち格闘技好き。

ある日の朝礼
いろはちゃん、今日からキミを「ガテン系用品店 わくわくワーク」のネット販売担当に任命する。大抜擢〜！
ハイ、拍手〜
社長
いろはちゃん
！
パチ パチ パチ パチ
イエ〜〜イ
ええ〜！ 私、ネット販売のこと全然わかりません。
大丈夫！ 俺のほうがわからないから！
グッ
出たよ。中小のムチャぶり。はいはい、やるしかないんでしょ。ネット販売ってアマゾンとか楽天に出すってこと？ネット広告とかもやるの？はあ、やだな〜。
しばらくして

ちーん
どう売れてる？
この様子で売れてるわけないでしょ！
キー
まあまあ、怒らないで。今日は強力な助っ人を呼んで来たから。
やあ
大橋さん
あ、あなたは！。
えっ、知ってるの？
YEAHHHHHHHHHHHHH……
プロレスの「イヤーーッ」の人。
でしょ？
ドテ〜〜〜〜!!

うーん、嬉しいけど違う！　僕は武藤敬司じゃないんだな。

あんた誰？　ちょっと人のパソコン見ないでよ。

ここまで３５００クリックで販売３個…こりゃダメだなぁ。

うるさいなー！　じゃあどうすりゃいいの？

えーん、えーん

読まれたら、売れるよ！

それそれ！　その反応！　今いろはちゃんは、ぼくの言葉に振り向いた。
まるで「ドラえも〜ん！」って泣きじゃくるのび太くんのような状態からね。

だって、あんたが気になることを言ったから…。

つまり、僕の言葉に興味を持ったってことだよね？

あんたが誰なんだか知らないけど、気になったわ。

広告なら、この時点でもう成功したようなものだよ！
大丈夫！　お客さんがどんどん買いたくなるコトバの作り方を、た〜っぷり教えるよ！

第3章

専門的なモノだし、値段も高い。なのに、めっちゃ売れるやん！

第4章

たった数行で読み手の心をつかむ技術

第5章

書かないほど売れる ボディコピーの書き方とは？

第6章

1%の人しか知らない
どのネット媒体にも効く3大ポイント

第7章

WEB媒体ごとのツボを知り倍々で結果を出す

第1章

「興味ねー→いらねー→読まねー」負け組文章からの抜け方

「マジで売れない世界」から「バカ売れする世界」へワープ

売れない理由は読まれていないから

広告は「読まれたら、売れるよ」！

あんた、いきなり来て何？ それってどういうことよ？

いろはちゃんは今、僕の言葉に興味を持ってるよね？

そうよ。あんたのことは誰だか知らないけど。

もし今のその感覚をお客さんが持ったら、どうなると思う？
ネットで広告を目にしたお客さんをイメージしてみてほしいんだけど。

私がお客さんの立場だったら、ってことね。

そう。
彼らが、さっきのいろはちゃんみたいに「え？　どういうこと？」ってなったら……？

まぁ、ちょこっとは文章を読んでくれるでしょうね。

だよね。実はこの時点で、**広告の80％は成功してる**んだよ。

は？　目的は買ってもらうことなのよ！

もちろんそうだけどね。広告で失敗するほとんどの理由は何かわかる？

それがわからないから苦労してるのよ！

答えは、読まれないことなんだ。

ん？　読まれない？

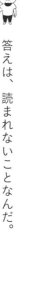

どんな広告を使っても、見栄えの良いホームページを作っても、一生懸命案内文を書いたとしても、すっごい機能をつけても……。読まれないから、売れない。もっとわかりやすく言えば、お客さんは興味がわかないから読まないってこと。

まぁ……そうね。

つまり、**読まれない↓興味ねー↓いらねー↓どうでもえーわ！**ってこと。

うう、じゃあどうすれば、読まれるっていうの？

書く前に成功の80％が決まっている

蒸し返すようで悪いけど。これまで出した広告で、何クリック中何個売れた？

もう、さっきから何様よ？３５００クリックで3個！

これってただクリックされただけで読まれてないよ。
つまり、誰も興味を持ってないってこと。

ちょっと待ちなさいよ！　一応コピーっていうのも一生懸命考えたわ。
読まれるための努力だって、かなりしてきたわ！

たとえば？

ぶっちゃけ、売れてそうなサイトの文章をかなりパクッたわ。

他には？

もっとぶっちゃけると、デザインとか写真もマネしまくったわ。

こらこら、そんなことを大声で叫んじゃダメ。そうだね、コピー（広告文章）っていうのは、とても大切だよ。でもね、いろはちゃんが考えているのはコピーじゃない。

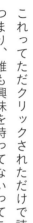

どうして？

いいかい？　コピーライティングっていうのは、文章表現をこねくりまわすってことではない。こじゃれた文章、センスの良い文章を書くことでもないんだ。

うーん、思ってたイメージと違うわね。

もちろん、売れていそうなサイトの文章や表現をパクったりすることでもない。パクッたら結局、ブランドや価格、利便性などで有利なほうが選ばれるだけだからね。

ってか、パクること自体がNGよね。やってる私が言うのもおかしいけど。

極論を言うと、**コピーライティングは書くことや表現することではない。考えること**なんだ。

う〜ん、ちょっと意味がわからないわ。

読み手が、「うわぁ、コレめっちゃ気になる！」と反応する提案を考えることなんだよ。
「読まれる提案」とでもいうか、**重要性で言えば考える8割、表現2割**って感じだよ。

そんなの、なんとなく気づいてたわよ！
私的にはけっこう考えているつもりなんだからね。

でも、売れていない。

うう……。（チクショ～！　ぶっとばしてやりたい）

ほんの数行の提案が「無関心」を「これ欲しい！」に変える

もう、さっきからホント腹立つんだけど！
ならあんた、その「読まれる提案」ってものを私に見せてみなさいよ。

いいよ、じゃあ有名な話をするね。エスキモーに冷蔵庫を売る営業マンの話だよ。

エスキモーってアラスカだったかしら？

そう。食品を外に置いておけば、すぐ凍ってしまうくらいの極寒の地だよ。

そんなところで冷蔵庫を売るなんてナンセンスじゃない？　必要ないもの。

それはいろはちゃんが、冷蔵庫は「食材を冷やす箱」だと捉えているからなんだ。

だってそれ以外に、どんな目的があるの？

その営業マンはどうしたか？
切り口を変えて、「食材を適温で保つための箱」という宣伝文句で、冷蔵庫を販売したの。

あ〜、なるほど、冷たすぎると野菜って腐るもんね。

肉だってアラスカだと、すぐカチコチに凍ってしまって調理するときに大変なんだ。
でも、冷蔵庫があれば、食材を腐らせずいつも適温で保てる。

視点を変えれば、極寒地でも冷蔵庫は役に立つのね。

そこを強みにしてアピールした結果、エスキモーの間で冷蔵庫はバカ売れしたんだよ。
こんな風に、**ターゲットを振り向かせる提案を、広告用語で「訴求」っていう**んだ。

あんたの言いたいこと、ちょっとわかってきた。エスキモーに冷蔵庫を売るとき、「瞬間冷凍」とか「冷やす」って視点で表現をいくら考えても、全部無意味ってことね。

正解！　でも「食材を適温で保つための箱」で切り口を考えたら、あとは普通の表現しようが、**読まれる→興味ある→買いたい、の勝ち組文章になる**ってこと。

でもこの営業マンみたいな斬新な発想は、私には考えつかないわ。

大丈夫。僕が教えれば、いろはちゃんもこういった読まれる提案が作れるようになる。

そんなクリエイティブなことが、私にもできるっていうの？

できるよ。誰でもできる！　これから説明することをやっていけばね！

「読まれる提案」を作る　たった1つのシンプルなルール

できないのは、やり方を知らないだけなんだ。
しかもその方法って、たった一つのルールをわかっていればいいんだから超シンプル。

話がうまいわね、ウソでしょ！

本当さ。**ルールっていうのは、「欲しい人へ、欲しいものを売る」**こと。このルールでぶっとんだ提案を考えることができれば、他社に価格やブランドで負けても何とかなる。

欲しい人へ、欲しいものを売る？　なんか当たり前のように思うんだけど…。

でしょ？ でも、多くの人がこの当たり前をできていない。逆にいうと、この当たり前ができるだけで、マジ売れない世界から、笑っちゃうくらい売れる世界にワープできるよ。

ええ！ ホントにそんなことできるの？

できるさ。今から一歩ずつ一緒にやっていこう！

結論①

❶読まれないのは、提案がしょうもない内容だから。

❷「読まれる提案」があれば、その広告の80％は成功している。

❸コピーライティングの本質は、読まれる提案を考えること。

❹「欲しい人へ、欲しいものを売る」という法則が、読まれる提案を作る。

❺読まれる提案のことを、広告の世界では「訴求」と言う。

第 2 章

その商品が本当に欲しい人って誰？

視点を変えれば、欲求の高いターゲット層は
笑っちゃうくらい存在する

欲しい人へ、欲しいものを売るための視点①

「欲しい人」は意外なところにいる

「欲しい人へ、欲しいものを売る」というルールだけど、2つのことを考えるだけなんだ。

シンプルね。

シンプルなんだけど、まぁまぁ奥が深い。

ふ～ん。じゃあ、もったいぶらないで早く教えなさいよ！

1つ目は「欲しい人を探す」こと。
そもそも、いろはちゃんのお店の商品を欲しがる人って誰？

現場系の人に決まってるでしょ。

じゃあ、ここからはちょっと視野を広めようか。
お店で売れている商品でパッと思い浮かぶのは？

もうすぐ冬だし、防寒防水スーツの上下セットかなぁ〜。

なるほど。じゃあ、その商品の特徴を教えてくれる？

えっと、こんな感じよ。

防寒防水スーツ（上下セット）の特徴

・底冷えする冬では欠かせないアイテム。
・普通の服では得られない保温・発熱機能。
・じっとしてても、汗をかいちゃうほどスゴイ。
・しかも安いから、汚れても破れても気にならない。

なかなか詳しいね。

えっへん。仕入れから接客まで、もう10年やってるからね。

さすが！　じゃ、次いくよ。
今あげた防寒着の特徴を欲しがる人を、「**現場系の人以外**」で**誰がいるか**考えてみて。

えと、釣りが趣味のお客さんが「**冬の釣りでこの防寒着を愛用してる**」って前に言ってたわ。「防水性があるのが良い」とか、「エサとかで汚れても安いから気にならない」とか。

ほう、いいね。確かに、冬でも釣りを楽しみたい人が欲しがりそうだ。

でも、現場用の防寒着よ。

だったら、釣り人用の防寒着がどれぐらいの値段なのかを調べてみたら？

ググってみるわね。大手メーカーだと……上下セットで2～3万円だって！　たっか！

つまり、それぐらいの値段でも売れているわけだ。

うちのも似たような商品だと思うけど、５０００円ぐらいよ。

もし、いろはちゃんの会社の服が同じレベルの機能を持っていたらどう？
買う人ももっと出てくるんじゃないかな？

そう、うまくいくかしら？
だってうちはブランドもないし、現場用の品物だから商品名も釣りっぽくないし。

そうだね。ではちょっと視点を変えよう。

欲しい人へ、欲しいものを売るための視点②

お客さんが本当に「欲しいもの」って何？

ここからは、2つ目の「欲しいものを売る」話に入るよ。
さていろはちゃん、お客さんは、何にお金を払うと思う？

欲しい商品を買うためでしょ？

もちろんそうだね。じゃあ、もっと突っ込んでみよう。
お客さんはその商品を使って、何がしたいんだろう？　防寒着で考えてみて。

は？

言葉を変えるよ。
お客さんは防寒着を着て、**どんなハッピーな未来を手に入れたい**と思う？

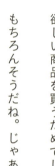

う〜ん。現場系の人で言えば、寒さから逃れられるからハッピー！

そうだね。じゃあ、寒さから逃れられたら、どうなるの？

仕事のストレスが減るし、体に良いはずよね。今よりも快適に仕事ができるわ。朝早い現場だと、みんな本当に辛そうだから。

イイ感じだね。お客さんは、厳しい寒さの中で、仕事のストレスを減らし、体への負担を減らし、快適に仕事ができる未来を求めて防寒着を買うわけだ。

ま、そういうことになるわね。

ではもう一度聞くよ？　お客さんは、どうしてお金を払うの？

欲しい商品を買うため……あれ？

わかったようだね。
お客さんは、商品そのものを手に入れるためにお金を払うんじゃない。

その商品から得られる嬉しい未来や、問題の解決を求めてお金を払う、ってことか。
欲しいのはハッピーな未来なのね。

正解！この**ハッピーな未来を「ベネフィット」**っていうんだ。
お客さんは商品が欲しいのではなく、ベネフィットが欲しい。

お客さんは、ベネフィットを手に入れるためにお金を払う。

そう！あと、ベネフィットはメリットとよく混同されるから、違いを説明しておくよ。
具体例を挙げるから、違いのニュアンスをつかんでみよう。いろはちゃん、違いわかる？

［ゴルフドライバーの場合］

メリット	ベネフィット
新素材	飛距離が伸びる
これまでにない機能	まっすぐ飛ぶ
有名プロも使用	スコアアップ
軽い、握りやすい	コンペで勝つ
壊れない	打ちっぱなしで注目の的
流行の最先端	周りから褒められる
カッコいいデザイン	打った瞬間、笑いが止まらない

［パーソナルトレーニングの場合］

メリット	ベネフィット
ダイエット成功率99％	ワンサイズ小さな服が着られる
厳しい食事制限なし	ビキニを堂々と着こなせる
マンツーマンで徹底サポート	好きな人から褒められる
適度なトレーニングでOK	細マッチョになれる
週２回でOK（１回60分）	割れた腹筋で浜辺の視線を独り占め
手ぶらで通える	もう誰にもポッチャリとは言わせない！

ベネフィット＝お客さんが欲しい結果（ハッピーな未来）
メリット＝ベネフィットが手に入る理由

こんな感じかしら？

そうなんだ。ではもう一つ質問。
防寒着を手に入れることで、釣り人が得られるベネフィットは何？

う〜んと、寒い冬でも釣りを楽しめる！

いいね！ じゃあさらに質問。釣具屋さんの防寒着コーナーで、一人のお客さんが品物を物色しています。値札は必ずチェックしています。そんな人に後ろからこう言ったら、どうなるでしょうか？

釣り具の防寒着って高いですよね。
でもこの服なら、たった５０００円で、真冬でもポカポカ快適に釣りを楽しめますよ。

そりゃあ、「え！」って振り向くでしょ〜。すげ〜気になるって思うんじゃない？

だよね。実はこの時点で、広告の80％は成功しているんだよ。

あ〜！

最初に伝えたことを思い出したようだね。これが読まれる提案だよ。
「欲しい人へ、欲しいものを売る」というルールで作った、「読まれる提案」なんだ。

欲しい人＝釣りが趣味の人
欲しいもの＝真冬でもポカポカ快適に釣りを楽しめる防寒着（５０００円）

いろはちゃんって、リスティング広告やってるんだったよね？

結果はズタボロだけどね！

防寒着を探している釣り人が検索しそうなキーワードで配信してみたらどう？
配信バナーやページでは、この「読まれる提案」を一番目立たせて最初に見せるようにね。

釣り具の防寒着って高いですよね。
でもこの服なら、たった5000円で
冬でもポカポカ快適に釣りを楽しめますよ。

うわ、何かいけそうな気がするわ。

よかった！じゃあそろそろ、結論にいくよ。

3ステップ！「新しいお客さんを生む」提案作り

ここまでの流れを3ステップで解説するよ。

新しいお客さんを生む「提案」作り　3ステップ

ステップ1　商品特徴やメリットを徹底的に洗い出す

ステップ2　既存ターゲット以外で、その特徴やメリットが「欲しい人」を探す

ステップ3　「欲しい人」が強烈に反応するベネフィットを考える

商品の強みをもう一度考え直して、新しい顧客を見つけて、最後に表現を考えるって流れだね。

ステップ1　商品特徴やメリットを徹底的に洗い出す

まずは、その商品の良いところをじっくり考えよう。
ここは時間をかけて、とことん取り組むべきだよ。防寒着の場合は、これが特徴だね。

防寒着の特徴

- 底冷えする冬では欠かせないアイテム。
- 普通の服では得られない保温・発熱機能。
- じっとしてても、汗をかいちゃうほどスゴイ。
- しかも安いから、汚れても破れても気にならない。

ステップ2　既存ターゲット以外で、その特徴やメリットが「欲しい人」を探す

次に、その商品の既存のターゲット「以外」で、ステップ1の特徴やメリットを「欲しい人」を探すんだ。

うちの防寒着の既存ターゲットは現場系の人だけど、あんたから「現場系の人以外で」って言われたから、必死で考えたわ。それで、釣りが趣味だという人が思い浮かんだのよね。

ステップ３　「欲しい人」が強烈に反応するベネフィットを考える

最後に、「欲しい人」が、その商品を購入することで描けるハッピーな未来を考えよう。
これがベネフィットだよ！

うちの防寒着があれば、寒い冬でも、釣り人がポカポカ快適に釣りを楽しめる。
しかも、安いから汚れるのも気にしなくていい！これがベネフィットだったわよね？

そうだよ！この調子で続きもいこう。

結論②

❶「欲しい人を探す」＋「欲しいものを売る」＝「読まれる提案」。

❷商品特徴やメリットを深堀りすれば、買ってくれる新たなお客さんが見えてくる。

❸そのお客さんが飛びつくベネフィットを考える。

❹ベネフィットとは、お客さんが手に入れるハッピーな未来。

❺お客さんは、ベネフィットを手に入れるためにお金を払う。

❻3ステップで、読まれる提案が完成する。

第3章

専門的なモノだし、値段も高い。なのに、めっちゃ売れるやん！

お客さんの本当の欲求に気づいてますか？

どんなに売りにくい商品でも「読まれる提案」は作れる

はぁ〜。

あれ、どうしたの?

あのあと、防寒着が1日1個ぐらい売れるようになったんだけど…。

それはスゴイ! 3500クリックで3個っていうほぼ0の数字から1日1個の売上に増えたのは、大きな進歩だよ。なんでため息ついてるの?

うちは防寒着だけ売れれば良いわけじゃないの。ほかにも、売れてない商品がまだ色々あって。防寒着と違って、どうやっても、この現場系業界じゃないと売れないものもあるの。

たとえば?

この塗料なんて、まさにそう。

ナニコレ？

いわゆる外壁塗装の業者が使う塗料。他社よりも値段がけっこう高くて。

なんで高いの？

耐久性がとても良くて、セルフクリーニング機能もあるから、値がはっちゃうのよ。

塗料の特徴

・耐久性25年（一般的な塗料よりも2倍ほど長持ち）。
・セルフクリーニング機能がある（雨に濡れると汚れも一緒に洗い流す）。
・遮熱性能が高い（冬は暖かく夏は涼しい）。

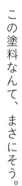

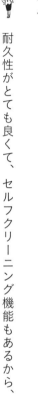

ほう。すごいじゃないの。

でもね、外壁塗装の業界って価格競争の戦国時代なの！
だからわざわざ高い塗料を使う業者って、少ないのよね…。

へぇ～。それなのになぜ、この塗料を売ってるの？

年商5億円ぐらいある地域一番の塗装会社がこれをイチオシとして、お客さんに提案しているんだって。その店は3ヶ月先まで予約が埋まっていて、値引きもしないらしいの。

はは～、それを知ったいろはちゃんの会社の社長が「これを売れ」って号令をかけてるわけか。あのね、その塗料を売るなんて、超カンタンだよ！

何でよ？

読まれる提案が、サクッと作れるってこと。

ほほ〜、おもしろいじゃないの。聞いてあげてもいいわよ。

まずは質問ターイム！

やっぱりそうなるのね。さあ、いらっしゃい！

この塗料のベネフィットは？

ベネフィット…。耐久性が25年、セルフクリーニング機能で雨が降れば壁がピカピカ。つまりほったらかしのままでいても、長期間キレイな壁を維持できるってことよね？

たしかにベネフィットだけど、考えてみて。それって、**誰にとっての嬉しい未来かな？**

え、塗装会社じゃない？

そうとも言える。でも、そのベネフィットで一番喜ぶのは、エンドユーザーだよね？
今の例は、家の壁を塗装してもらった人にとってのベネフィットじゃないかな？

ああ、そうだわ。

ターゲットの頭の中をしっかりとイメージしよう。
いろはちゃんのお店で、この塗料を買う人は誰？

外壁塗装の会社。主に社長さんね。

つまり彼らがターゲットっていうことだね。
じゃあ、**彼らが持つ強い悩みってなんだと思う？**塗装技術や塗料から離れて考えてみて。

やっぱり集客とか営業でしょうね。安売り戦国時代だからねー。

つまり、売上に悩んでいるわけだ。

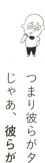

そうそう。経営がピンチの会社もけっこう多いと思うの。

では、彼らが強く求めているベネフィットは何かな？

うーんと、集客に成功したり、売上アップしたり、そういったことでしょうね。職人気質の人が多いから、安売りせずに腕の良さで選ばれたい！っていうのもあると思う。

なるほど。で、この塗料をイチオシで使ってる年商5億の塗装会社の話に戻るよ。この会社のスゴさって、こういうことだよね。

・年商5億を達成。
・地域で一番人気の塗装屋。
・3ヶ月先まで施工予約が埋まっている。
・安売りしなくても集客に成功している。

他の塗装会社も、きっとこの会社みたいになりたいってことだよね。

まぁ、そういうことね。**「夢」って言ったほうが早い**かしら。

気づいたかな?

え?

もう、この時点で「**読まれる提案**」**ができちゃった**ってことさ。
「欲しい人へ、欲しいものを売る」っていうルールでね。

へ?

いろはちゃんは今、お店で店番をしています。塗料のコーナーで、商品を懸命に物色している塗装会社のスタッフがいます。その人に後ろからこう言ったら、どうなりますか?

最近、集客がますます難しくなりましたね。実は、ある塗装会社さんが、値引きなしで、３ヶ月先まで施工予約が埋まるほど人気なんです。年商は5億円らしいですが、彼らがイチオシでお客さんにオススメしている塗料をお教えしましょうか？

「え！」って振り向くでしょ。

なになに？もっと知りたいんだけど。スゲー気になるわ！って思うだろうね。つまり…。

この時点で、広告の80％は成功している。

その通り！「読まれる提案」ができてるよね。
「欲しい人へ、欲しいものを売る」というルールにあてはめるとどうなる？

えっと、こんな感じ？

欲しい人＝集客や営業、売上に悩む塗装会社の社長や事業主
欲しいもの＝値引きせずに3ヶ月先まで施工予約が埋まっている年商5億円の塗装会社が、お客さんにイチオシで提案している塗料

おお、素晴らしい。

確かに、これなら売れそうだわ。
この塗料は絶望的かもって思ってたけど、そんな商品でも、読まれる提案って作れるのね。

そうだよ。もし今回みたいに、ターゲットが限られていて、なおかつ売りにくい場合は、次の3つのステップで読まれる提案を考えてみよう。

3ステップ！「売りにくい商品でもバカ売れさせる」提案作り

ステップ1 商品から離れて、ターゲットが抱える強い悩みや欲求を考える

ターゲットが最初から限られていて、かつ値段が高いなどの理由で売りにくい場合は、まず商品から離れてターゲットの悩みや欲求が何なのかをとことん考えよう。

塗料の例で言えば、ターゲットは塗装会社の社長さん。彼らの多くが、激しい価格競争で売上に悩んでる。だから望みは、もっと集客を伸ばして、売上アップすることだったわ。

ステップ２　その悩みや欲求を解決できる要素が商品の特徴にないか、深堀りする

今度は逆に、ターゲットにとっての望みと重なる、商品の特徴やメリットを洗い出すんだ。

ある塗装会社さんは、年商５億円を売り上げている優良企業。その会社がイチオシしているのがこの塗料で、売上に大きく貢献していたのよね。

ステップ３　２で見つけた特徴やメリットから、究極のベネフィットを考える

ターゲットの望みと商品の特徴が重なったね。

はじめは商品ばかり見ていたけれど、ターゲットの悩みや欲求に寄りそわないといけないのね。他の商品でも、よさげなアイデアが出せそうだわ。

結論③

❶専門的でターゲットが限られて八方ふさがりの状態でも、読まれる提案を作ればバカ売れする。

❷重要なのは、商品から離れて、お客さんの悩みや欲求を深掘りすること。

❸一番強い悩み(欲求)と、商品の特徴をつなげれば、究極のベネフィットが生まれる。

❹3つのステップで、読まれる提案が完成する。

第4章

たった数行で読み手の心をつかむ技術

即決しないネットユーザーに効く！キャッチコピー10の技法

数行で売上を爆発させるキャッチコピーのスゴさ

はぁ〜。

またため息、どうしたの？

この前のやり方を実践して、それまでよりもっとたくさんの商品が売れるようになったの。今、1日5個ぐらいの商品が売れているわ。

いいじゃない。広告費よりも売上の方が上回ってるんでしょ？

利益ベースで数字が増えているわ。でもこの前、社長に数字を報告したら、なんだたいしたことねーなぁ、って。真っ白な塗料をアタマからぶっかけてやりたくなったわ！

え？あの25年もつ塗料を？

そうよ！　キィー悔しい！　ちょっとあんた、もっと数字を伸ばす方法ないの？

あるよ。

あるんじゃないの！　じゃあ教えなさいよ。

最初に、僕はこんなことを言ったね。

- **コピーライティングとは、書くことや表現することではない。**
- **コピーライティングとは、読まれる提案＝売れる提案を考えること。**
- **重要性は、考えるが8割、表現が2割。**

そうね、読まれる提案の重要性は痛いほどわかったわ。
考えるが8割っていうのも、今では身にしみてる。

でもね、**残り2割の表現ってのも**、**かなり重要**なんだよ。

たった2割でしょ？　売上にそれほど影響する？

この2割が、かなり影響するよ。**売上が2倍以上変わることもある。**

どういうこと？

広告で一番難しいのは0を1にすることなんだ。うまくいかない人は、ずっと0の世界をうろついている。掛け算とおなじで、0には何をかけても0にしかならない。

以前の私ね。読まれる提案がないのに、アレコレ四苦八苦して、時間もお金もムダにしてた。

で、いろはちゃんは、読まれる提案を考えて、慢性的な0を1に変えてみせた。

そう。でも社長が満足できるような数字じゃないの。

つまり、1を10や20にしたいってことだよね？

そうよ！

結論から言うと、**たった数行の文章で、それを可能にする表現方法がある。**

いいわ、そういうのが知りたかったのよ。

その**表現方法とは**「キャッチコピー」だよ。

「興味ある」を「読まなきゃ！」に変えられるキャッチコピー

キャッチコピーって聞いたことある。ネットで調べたことがあるわ。

じゃあ質問。キャッチコピーってなんですか？

でっかい文字！目立つ感じの。

はい、アウト！

え！かすりもしてない？

ちょっとは当たっているかな。本質的にいうとこういうこと。

キャッチコピーとは、読み手の注意を一発でつかむ、最初の一言である。

見た目のことでいえば、こんな特徴があるよ。

キャッチコピーの特徴

・広告の最初に、大きく表記されるコピー。
・広告で一番目立つように表記されるコピー。
・お客さんの視界へ、最初に飛び込むところへ表記されるコピー。

すべてのネット広告にキャッチコピーは存在する

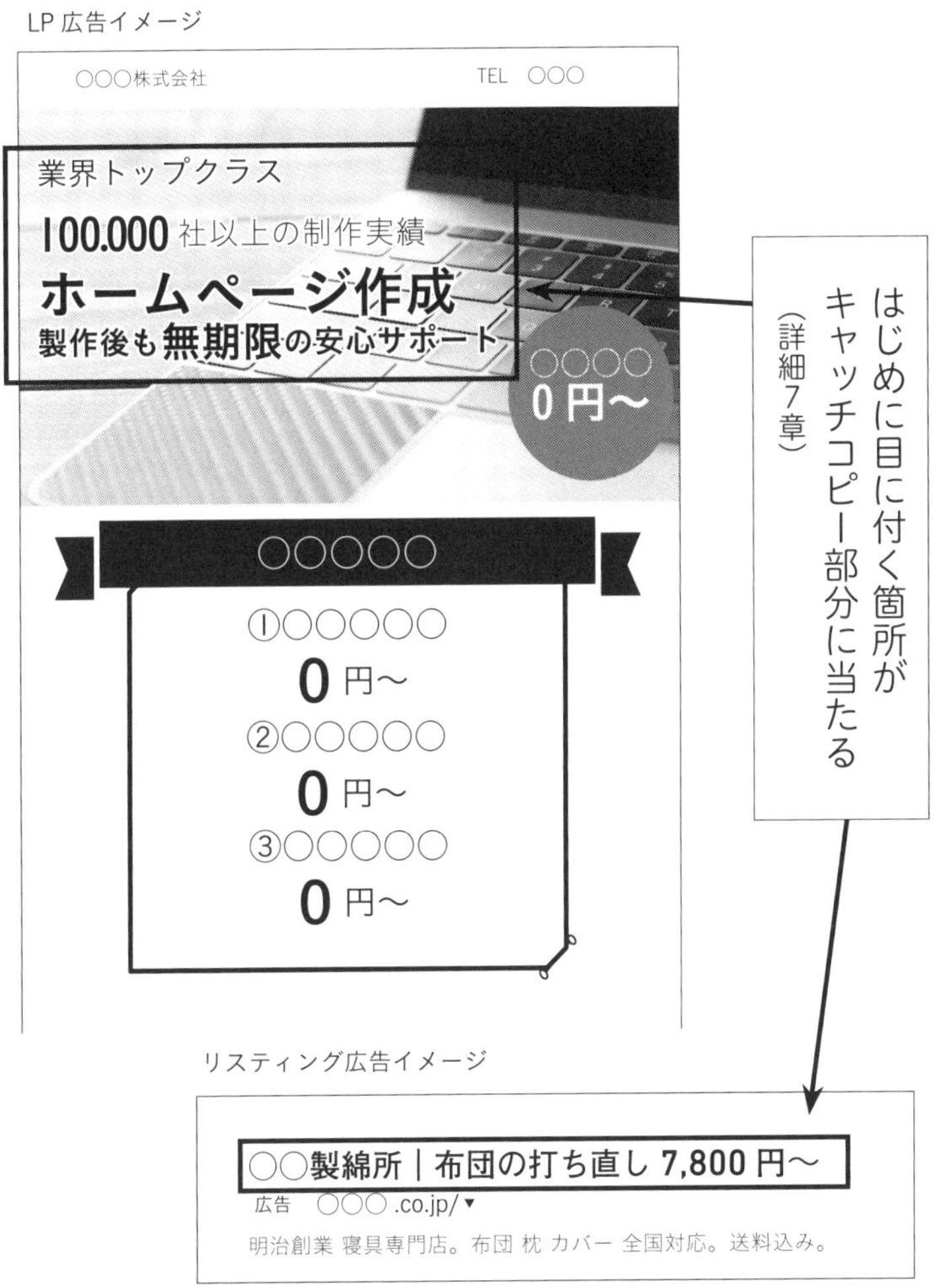

キャッチコピーが存在しない広告は、広告じゃないよ。
だって、**お客さんは最初にキャッチコピーを見て、その広告を読むかどうかを決める**から。

つまりキャッチコピーがクズだと、読まれない、そして売れないってことね。

そうゆうこと！

だったらキャッチコピーって、読まれる提案ってことなんじゃない？

半分正解で、半分違う。読まれる提案がそのまま優れたキャッチコピーになることはある。
文章をこねくりまわすより、**読まれる提案をストレートに語ったほうがいいこともある。**

ほ～ら、やっぱりそうじゃない。

でもね、読まれる提案をもっと魅力的に表現できれば、レスポンスは、さらにドカンと跳ね上がる！

ドッカンドッカン跳ね上がりたいわ！

読み手の反応が、こんな感じで変わるんだ。

なにこれ、気にはなるな～

←

これヤバい、今すぐ読み進めないと！

ふーん。

この前考えた読まれる提案で、キャッチコピーの実例を見てみよう。

読まれる提案（釣りが趣味の人に、現場用の防寒着を売る場合）

釣り具の防寒着って高いですよね。
でもこの服なら、たった5000円で、
冬でもポカポカ快適に釣りを楽しめますよ。

←

キャッチコピー（釣りが趣味の人に、現場用の防寒着を売る場合）

5000円の防寒着って、バカにしていました……。

ところが、12月の夜釣りでも、ジワっと汗ばむなんて。

読まれる提案（高級な塗料を塗装会社に売る場合）

最近、集客がますます難しくなりましたよね。

実は、ある塗装会社さんが、値引きもしていないのに

3ヶ月先まで施工予約が埋まるほど人気なんです。

年商は5億円らしいですが、彼らがイチオシで

お客さんにオススメしている塗料をお教えしましょうか？

↓

キャッチコピー（高級な塗料を塗装会社に売る場合）

なぜ、3ヶ月先まで予約が埋まる人気塗装店（年商5億）になったのか？

1円も値引きせずに…。

けっこう印象が変わったでしょ？

ホントね。短くスッキリさせるってことよね？

それも重要だけど、実は他にもいろんなテクニックが使われてる。ネット広告のキャッチ**コピーの理想はブラウザを閉じて3時間経っても、なんとなくメッセージを覚えてること。**

なんで3時間なの？

ネットユーザーは、即決せずに情報を集めてから購入に動く場合が多い。

ん〜、私もネットで即決はしないかも。レビューとかいろいろ見るわ。

だから、メッセージを「忘れられない」のがとても重要なんだ。
次から、魅力的なキャッチコピーを作るいくつかの方法を教えるね。

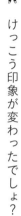

売れるキャッチコピーを作る10のテクニック

テクニック1 **ベネフィットを語る**

キャッチコピーにはベネフィットが絶対に必要。ベネフィットをしっかり伝えないと、それだけで広告が無視されちゃうからね。歯科クリニックの例で比べてみよう。

ベネフィットなしのコピー

開業40年の歴史
あおぞら小児歯科

←

ベネフィットありのコピー

子どもが泣かない治療に
こだわり続けて40年
あおぞら小児歯科

わかるかな？　ベネフィットありの例では、お客さんが得たらハッピーな未来を伝え、約束しているんだ。このとき、**大げさなベネフィットを伝えるのはNG**だよ。

う〜ん、わかるかも。美顔器のキャッチで「5秒で石原さとみになれる！」って言われたら、「盛りすぎやろ」って思うもんね。

あくまで事実であり、等身大のベネフィットを考えよう。
そして**ベネフィットは具体的に語ること**。次の広告の例で見てみよう。

治療院向けに「儲かる手技」を売る場合

高額な施術で、
繁盛院になる方法
←（「高額」を具体的にすると）

10分５０００円の施術で、
繁盛院になる方法
←（「繁盛院」を具体的にすると）

10分5000円の施術で、
3ヶ月予約待ちの繁盛院になる方法

←（「施術」を具体的にすると）

どんな痛みもスッキリ緩和してしまう
10分5000円の施術で、
3ヶ月予約待ちの繁盛院になる方法

ね！具体的なほうがハッピーな未来が一瞬で描けるようになったでしょ。
次のページにも例を出したから実感してみてよ。

テクニック2 **読み手を絞りこむ**

次は、「これは、あなたのための案内です」っていうのを、具体的に表現して、絞りこんだターゲットが広告を無視できなくなる手法。カクテルパーティー効果っていう心理テクニックなんだけど、チラシでも反応が良いやり方だよ。学習塾の例がわかりやすいかな。大川第三中学生の子どもを持つ親の気持ちになって、72ページの2つを読み比べてみて。

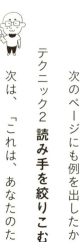

ベネフィットをイメージしやすいのはどっち？

例）下半身ヤセの美容整体

【抽象的なベネフィット】	【具体的なベネフィット】
キュッと引きしめ！ スリムな美脚になりませんか？	スキニージーンズがはける スリムな美脚になりませんか？

例）ゴルフレッスン

【抽象的なベネフィット】	【具体的なベネフィット】
ドライバー飛距離アップを お約束いたします	ドライバー飛距離 30 ヤードアップを お約束いたします

具体的なほうが断然イメージしやすいわ。
（スキニージーンズか…最近はキツいわね）

ベネフィットはできるだけ具体的に書こう。
ぼんやりベネフィットはイメージしてくれないよ。

読み手を絞りこまない例

わが子の成績に悩むお母さまへ。
次回の定期テストで
100点アップを約束します。

読み手を絞りこんだ例

大川第三中学生のお母さまへ。
次回の定期テストで
100点アップを約束します。

大川第三中学生のお子さんを持つお母さんは、これ読まないとっていう気分になりそうね。

そう。「TOEIC750点を目指している方へ」とか「年収1000万円の転職を目指しているITエンジニアへ」というのも、読み手を絞りこむ例だよ。

テクニック3　**続きを読ませる**

このテクニックで読まれる確率がグンと上がるよ。テレビでこんなの見たことないかな？

「続きを見させる」テクニックの一例

ＣＭのあと、衝撃の事実が明らかに！
続きは30秒後！

よくあるわね。「衝撃の事実って何？」って気になって、結局、続きを見ちゃう。

これは、**ザイガニック効果って言う心理テクニック**。**あえて未完成の情報を伝えることで、読み手の興味を高めているんだ。**塗料のキャッチコピーもこのテクニックを使ってるんだ。

読まれる提案（66ページの再掲）

最近、集客がますます難しくなりましたよね。
実は、ある塗装会社さんが、値引きもしていないのに
3ヶ月先まで施工予約が埋まるほど人気なんです。
年商は5億円らしいですが、
彼らがイチオシでお客さんにオススメしている塗料を
お教えしましょうか？

ザイガニック効果を使ったキャッチコピー（66ページ再掲）

なぜ、3ヶ月先まで予約が埋まる
人気塗装店（年商5億）になったのか？
1円も値引きせずに…。

「キャッチコピー」ではあえて「塗料」の情報を隠しているのね。
その方法を知るまでは、なんだかモヤモヤして熟睡できなくなりそう。

でしょ？ コツは読み手に「え？ なんで？」「どういうこと？」と思わせることだよ。

テクニック4 魅力的なオファーを語る

オファーというのは、お客さんへ約束する、とびっきりの条件のこと。
お得な価格、特典、保証、サポートなどだよ。

どういうときに使うの？

ターゲットが「どれにしようかな？」って買う気満々のときで、明らかにお得なオファーがあるとき。あとは、業界でそれまでない斬新なオファーがある場合に使えるテクニックなんだ。このことは、6章で詳しく話すね。次はズワイガニの広告のオファーだよ。

オファーの例

北海道の美味しいズワイガニが、<u>今なら半額！</u>
（※足が折れてしまったり、見た目の都合で卸せなかったカニなので、特別にこの価格が実現しました。味やボリュームは正規商品と同じです。）

最後に、安くなる理由を述べている点に注目。**お得すぎるオファーは逆に不審がられることもある。そういう場合、お得な理由を捕捉するとお客さんは安心する**んだ。

スーパーで「3つ買うと1000円」とか見ると、つい買っちゃうわ。これもオファーね。

そうそう。無料トライアルキットや全額返金保証付、なんていうのもオファー広告だよ。

テクニック5 **禁止する**

いろはちゃんは、今、どうしてもやりたいことってある?

ダイエット。最近、糖質制限ってのにハマってるのよ。

じゃあ、このコピーを見て欲しいんだけど……。

カリギュラ効果の例

糖質制限ダイエットは、今すぐやめてください!
この方法なら、ホカホカの白ごはんを食べても大丈夫。

ずるい〜。気になるに決まってるじゃない、もう!

だよね。どうしても続きを読んじゃうでしょ?
これは、**カリギュラ効果という心理テクニックを使った表現方法**なんだ。

あ〜、テレビの「ピー音」や、雑誌の袋とじもカリギュラ効果の一例ね。

ただし、むやみに禁止命令を出すのはＮＧ。**お客さんが強い興味を持っていることへ禁止命令を出すから、効果が得られるテクニック**なんだ。

確かに。さっきの例も私が糖質制限をしているからこそ響くコピーよね。

あと、**禁止命令だけでなく、必ずベネフィットを捕捉すること**。そうしないと、目には留まるけど、続きが読まれないキャッチコピーになるからね。

「ホカホカの白いごはんを食べても大丈夫」がそれね。う〜ん、制限が多いから、禁止コピーは上級者向けかもね。

テクニック６　**数字を上手に使う**

キャッチコピーに数字を入れるのは効果的だよ。目立つし（視認性効果）、信憑性が上がるし、伝えたいことを一瞬でイメージしてもらえる効果があるよ。こんな感じだ。

たくさん売れてます！
←（数字を入れると）
３００万個売れてます！

リピーター続出！
←（数字を入れると）
10人中９人がリピート！

貯金を毎年増やす方法
←（数字を入れると）
貯金を**毎年１００万円**増やす方法

数字があると、説得力が強くなるわね。

単位を魅力的にコントロールすることも大事だよ。たとえばこれ。

> 2時間で500個売れている話題のパン
> ↓（単位を魅力的にコントロールすると）
> **14秒に1個**売れている話題のパン

2時間で500個も約14秒で1個も同じ意味。だけど、**後者のほうがスピード感を感じて人を惹きつける**んだ。

1ヶ月で30万円って言われるより、1日1万円って言われたほうが実感できるもんね。

テクニック7 **証拠を見せる**

「論より証拠」ってコトバがあるよね？

あれこれ言われるより、証拠を見たほうが早いってやつよね。

これって、キャッチコピーでも重要テクニック。
まずはお客さんの声が証拠になる例から見てみよう。

お客さんの声が入っているコピー

K予備校のおかげで、
息子が第一志望に合格しました。
根気よく丁寧に指導してくださり、
大変感謝しています。（港区・山田晴子さん）

合格体験者の声が載っていると、信ぴょう性が増すわ。

でしょ。お客さんの声は多ければ多いほどいいよ。もし、多くの人から選ばれてる証拠があるなら積極的に使おう。社会的証明っていうんだけど、こんなコピー見たことない？

社会的証明の例

・10秒に1個売れています。

・○○ランキングで1位！
・○○セレクションで金賞！
・たった3日で1万人が殺到！
・○○業界でシェアナンバーワン！
・1000人中98％が満足した！
・累計販売数50万個突破！
・お客さん満足度ランキング3年連続1位！

どれも見たことあるわ。レストランを探すときに、良いレビューが多くあるほうを選ぶみたいに、これだけ評価されてるなら大丈夫だろうって思えるわ。

その心理を、**バンドワゴン効果って言うんだ。たくさんの人に選ばれているほうを選ぶっていう心理現象だね。日本人は特に、この効果に弱いと言われているよ。**

行列の長いラーメン屋を見ると、自分も並びたくなるみたいなものね。

応用編で、キャッチコピー付近に、お客さんの顔写真をたくさん掲載するのも、効果的なやり方だよ。次のページのような写真を見たことない？

多くの人から愛されてるんだって、印象に残るわね。

似たような方法で、「権威性」を高めるのも効果的。社会的に信用力の高い人が認めている事実のことだね。次のコピーを見て。

> 医師も認めた
> たった60日で
> 理想体型になる方法
> (ダイエット法)

医師の他に、こんな人たちもよく広告に登場するんだ。84ページにザッと挙げてみたよ。

「お客様の顔」は読み手に信頼性を与える

なぜ、○○塾の現役合格率は○○％を誇るのか？
○○○○さん（○○高校）
○○○○さん（○○高校）
○○○○さん（○○高校）
○○○○さん（○○高校）
○○○○さん（○○高校）
○○○○さん（○○高校）
○○○○さん（○○高校）
○○○○さん（○○高校）
○○○○さん（○○高校）
○○○○さん（○○高校）
○○○○さん（○○高校）
○○○○さん（○○高校）

©Silhouette Design

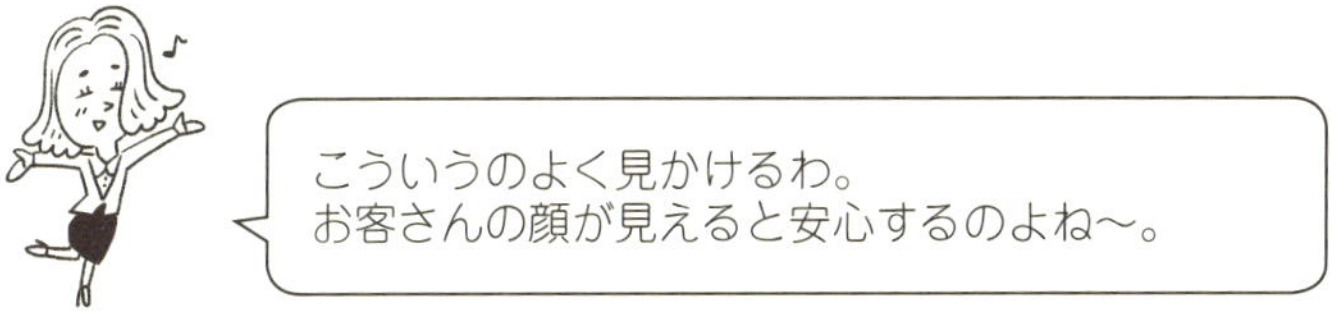
こういうのよく見かけるわ。
お客さんの顔が見えると安心するのよね～。

権威の例

・医者
・弁護士
・大学教授
・専門家
・学会
・アスリート
・芸能人

ただし社会的証明も権威も、ウソは絶対にいけないよ。

はーい。背伸びして盛りすぎないように気をつけるわ。

テクニック８ **結果を見せる**

ビフォーアフターの事例があれば、キャッチで積極的に取り入れよう。ただし、一見して「これはスゴイ！」と思えるケースのみ。つまらない事例は載せないほうがマシだよ。

ダイエット系の広告は、ビフォーアフターの画像がよく載ってるわね。

あれはとても効果があるんだ。数字と、視覚に訴える画像を一緒に載せるやり方だね。

次のページのこんなやつでしょ？
でもビフォーアフターって、ダイエットとか美容系じゃないと使えないわよね？

そうでもないよ。見た目の変化が得られない商品でも、ビフォーアフターを提案するキャッチは作れる。たとえば、87ページのこんなキャッチコピー。

「ビフォーアフター」の画像は百聞は一見にしかず、の典型

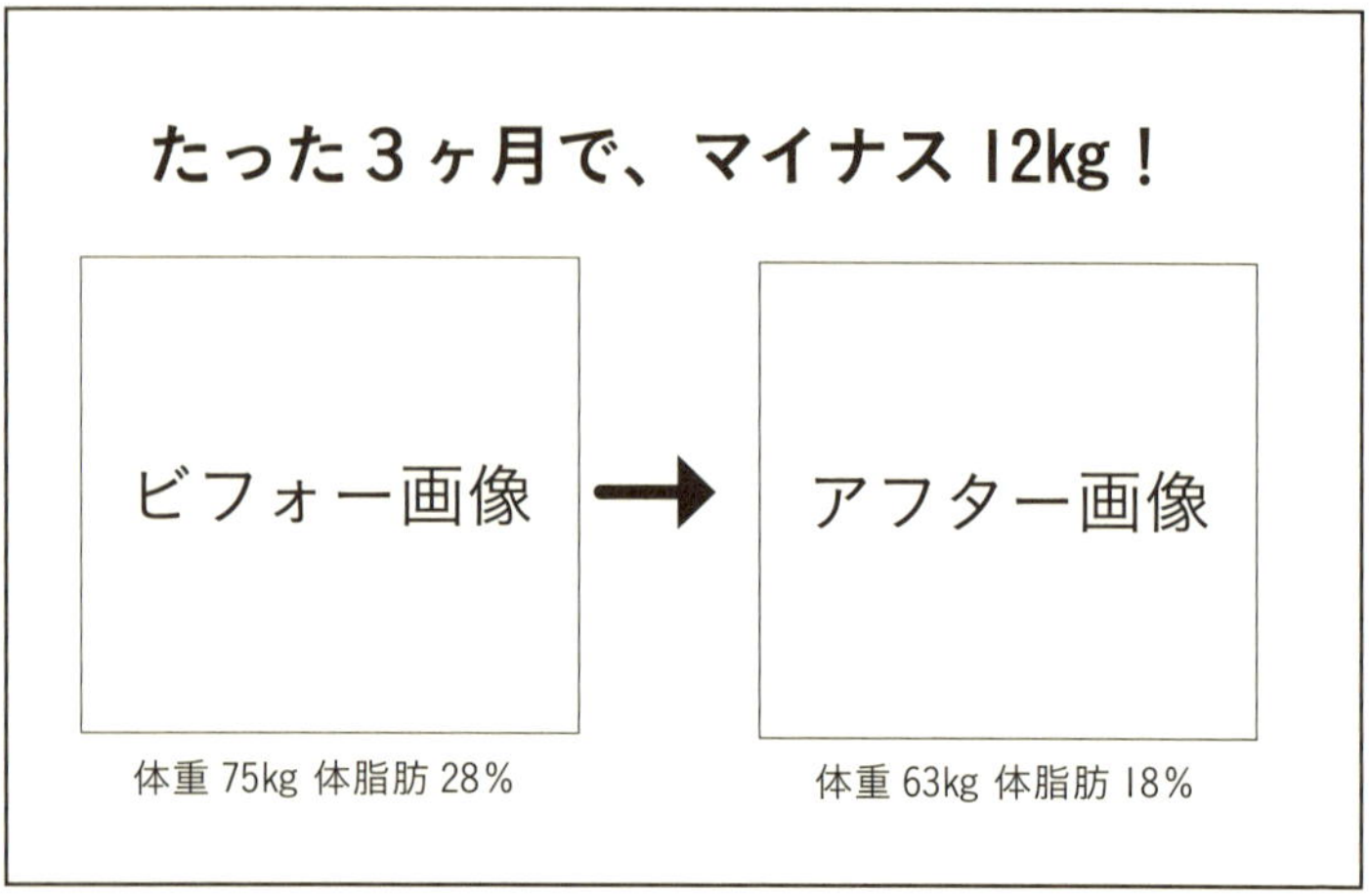
たった３ヶ月で、マイナス12kg！
ビフォー画像
アフター画像
体重 75kg 体脂肪 28％
体重 63kg 体脂肪 18％

キャッチコピーは写真の上に配置しよう。
写真は一目で変化がわからないのはＮＧだよ。

!
「え～と、どこが変化したの？」
みたいな写真だったら逆効果ってことね。

文章でつくるビフォーアフター

なぜ、原因不明の頭痛に3年間悩んだ53歳女性が、
たった20分の施術で**スッキリ改善**したのか？
（偏頭痛の施術を売りたい整体院）

なぜ、莫大な借金で、自殺や夜逃げを考えた彼が、
日本一の学習塾激戦地で、
10年以上も空席待ちの**人気塾の経営者**になれたのか？
（学習塾の経営コンサル会社）

新聞折込チラシ一万枚で、反響2件だったのに……。
たった**３０００枚のチラシ**で、**新規会員を34名**集めた方法
（パソコン教室向けのチラシ制作会社）

ダメだったのが、こんなに良くなった！っていうキャッチコピーね。

そういうこと。変化を数字で表現するとよりパワーアップするよ！

テクニック9 **五感（目、耳、鼻、舌、肌）に訴える**

次の2つのコピーのうち、いろはちゃんはどっちが買いたくなる？

どっちのコピーが優れている？

①お肌がよろこぶ
今話題のスキンケア
（化粧品）

②ぷるるん潤い、キュッとひきしめ
今話題のスキンケア
（化粧品）

後者ね。みずみずしい肌になれそう！

後者のほうが、ベネフィットがより魅力的に伝わるよね。違いは、五感（目、耳、鼻、舌、肌）に訴えているかどうかなんだ。

これって、表現のセンスとかいるわよね？　難しそう。

いや、考え方はシンプルだよ。**快楽に満たされている瞬間をイメージして、目、耳、鼻、舌、肌は、どんな体験をしているのか？**　ここを考えれば大丈夫。

うーん、わかったようなわからないような。

たとえば、餃子の場合はこんな感じ。

> 濃厚な肉汁が、お口いっぱいジュワ～っとひろがる。

じゅる。ヨダレ出ちゃった！

66ページの防寒着のキャッチコピーも、五感に訴えているんだけど、わかる？

5000円の防寒着って、バカにしていました…
ところが、12月の夜釣りでも、ジワっと汗ばむなんて。

「ジワっと汗ばむ」のところ？

正解。商品によって使えないこともあるけど、覚えておくといいテクニックだね。

テクニック10 **ストーリーを語る**

次の2つだと、どちらにより興味を持つかな？

どっちのコピーが優れている？

①3000枚のチラシで
45人を集客した方法。
（集客チラシ）

②チラシなんて運とあきらめていました…
３０００枚で45人を集客したこの方法に出会うまでは。
（集客チラシ）

前者はあっさりしてるけど、後者はちょっとだけエモいわね。
苦労してきた人が、ついに成功できたすごい方法なのかしらって思う。

後者のように、**ストーリー性がある広告はレスポンスが実際にアップするんだ。**
その理由は、ストーリーは読み手を感情移入させるパワーを持つから。

私がエモさを感じたのは、ストーリーだったからか。

あと、難しいこともわかりやすく伝えられるし、記憶に残りやすい。

う～ん、そんなもんかな？

たとえば、仲間と力を合わせて、目標達成する素晴らしさを、５歳児に説明できる？

ムリ。難しいコトバは使えないし、子どもの集中力が持たないでしょ。

桃太郎の話を引き合いに出せばいい。

ああ、なるほどね！

絵本がなくても、桃太郎のストーリーならだいたい話せるよね？

なんとなく記憶にあるわ。

40ページぐらいの絵本なのに覚えてる。ストーリーは記憶に残りやすいってわけだ。

でも、ストーリーってどう作ればいいの？作家じゃないとキツいでしょ？

広告の場合、そんなハイレベルなストーリーは必要ない。**「V字型」のルールを守れば、誰でも読まれるストーリーを作れる**よ。次のページを見て。

ストーリー技法は、読み手に感情移入させやすい

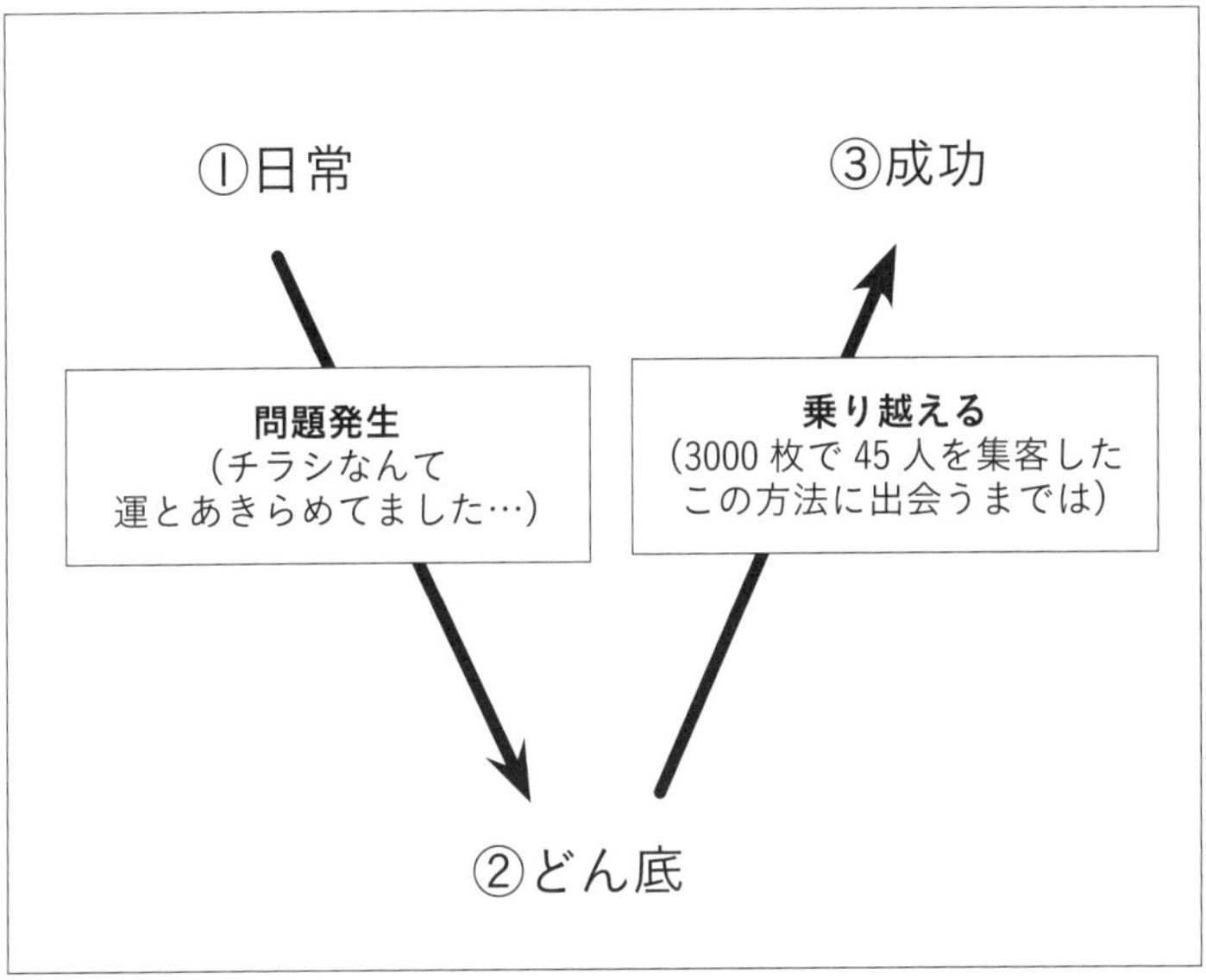

「①日常」があって、何かの理由で「②どん底」に落ちこむ。そして、その辛さを乗り越えてからの「③成功」。V字の流れね。

そう。「②どん底」を描くことで、読み手が共感してくれるんだ。

ガクンと落ちて、また上がっていく、いわゆるサクセスストーリーね。

ハリウッド映画やドキュメンタリー番組もこの構造を利用していることが多いよ。

「①日常」は、キャッチコピーに入れなくていいの？

キャッチコピーでは「②どん底」と「③成功」を語ればＯＫだよ。

テクニックを知っちゃった人が陥りがちな落とし穴

たくさんのテクニックがあるのね〜。読み手を絞って、数字も入れて、五感に訴えかけて、あと証拠も見せる……。ちゃんと使いこなせるか心配だわ。

これらのテクニックは、すべてを毎回使うってことじゃないよ。キャッチコピーを考えるときに、使うと効果がありそうなテクニックを、その都度選べばいいんだ。

わかったわ。テクニックを活かして表現の鬼になってやる！

おお、燃えてるね！　一つだけ気をつけておきたいのは、**表現にこだわりすぎて、提案がよくわからないものになってしまうこと。何より重要なのは「読まれる提案」の内容**だよ。

提案そのものは崩さないで、その提案の伝え方をより魅力的に見せるために、今紹介したテクニックを使えってわけね。

そう。
提案がわからなくなるキャッチコピーなら、提案をそのまま文章にしたほうがマシだよ。

今日から使えるキャッチコピー厳選テンプレート

はあ〜。

何のため息？

この前教わったテクニックを、いくつかの商品のキャッチコピーで使ってみたの。
そうしたら、広告の反応が前よりよくなったの。

素晴らしいじゃないの。

でもね、いくつかの商品は、よい表現方法がどうしても浮かばないの。生みの苦しみってヤツに陥ってるのよ、はあ〜。あんた、どうにかできないわけ？

キャッチコピーは、作っていけばどんどん腕が上がっていくものなんだ。でも、いろはちゃんは始めたばかりだから、そういう壁にもぶつかって当然。

偉そうに構えてないで、あんた、ちゃちゃっと壁を乗り越える何か出してよ！

「そんなのないよ！」って言いたいけど、これがあるんだな。
キャッチコピーのテンプレートを紹介しよう。

よよ！　待ってました〜。テンプレートって、当てはめればいい型みたいな？

そうだよ。業界では有名なテンプレートもあるよ。では早速いくよ！

「ピアノコピー」のテンプレ

> 私がピアノの前に座ると、みんなが笑った。
> でも弾き始めると！
> （音楽学校の通信講座）

これはアメリカの偉大なコピーライターのジョン・ケープルズが書いた、有名なコピー。60年以上も反応を取り続けたキャッチコピーなんだって。

弾き始めると……すごかったの？

って期待しちゃうでしょ？　一度バカにされた主人公がスーパースターになったことを匂わせている。ビフォーアフター、ストーリー、ザイガニック効果がここで使われているよ。

で、これをどうするの？

同じように、「○○すると○○が笑った。でも○○すると……！」というテンプレートを使って、たとえば次のようなコピーが作れるんだ。

ピアノコピーのテンプレート例

「どうせ、インスタントコーヒーでしょ？」とシェフは鼻で笑った。
でも一口飲んだ瞬間……！
（インスタントコーヒーの広告）

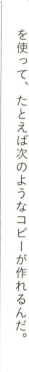

小さな息子の姿を見て、相手チームのピッチャーは笑った。
しかし、第1球目！
（少年野球教室の広告）

「え？ おまえがエステに行くの？」と主人はニヤニヤ笑った。
でも、家に帰ってきたら……。
（エステサロンの広告）

ご主人をギャフンと言わせちゃったのかしら。続きが気になるわ！

このテンプレートでキャッチコピーを作る場合、ボディコピーをストーリー形式にすると効果絶大だよ。

ボディコピー？

キャッチコピーの次に続く、長めの文章のこと。5章で解説するね。

「意外性の高い提案」で効果的な5つのテンプレ

もし意外性の高い提案があるなら、このテンプレを使えば、さらに注目されるキャッチコピーが作れるよ。まずは、次の3つの提案を見て。

想定外の方法がある提案

営業が苦手な方へ
売り込まない営業法で、
契約を増やしませんか？
（営業セミナーの集客）

想定外のスピードがある提案

「キッチンの汚れをなんとかしたい！」とお悩みの主婦へ
たった30秒で、換気扇の頑固な油汚れもピカピカにできます。
（スチームクリーナーの販売）

想定外の結果がある提案

偏頭痛にお悩みの方へ
10年悩んだ原因不明の頭痛を、
たった一度の施術で改善した整体法があります。
（整体院の集客）

え〜まじ？　って思っちゃう。本当ならすごすぎるわね。

これら意外性の高い提案があるときに使える、５つのテンプレートがコレ！

「意外性の高い提案」で効果的な５つのテンプレート

①「○○で○○する方法」
②「なぜ、○○で○○なのか？」
③「まさか、○○で○○するなんて……」
④「こうやって私は、○○で○○できました」
⑤「○○で、あなたも○○しませんか？」

「私はコレで、タバコをやめました」っていう、パイポのCMが昔あったわね〜。

いろはちゃん、ずいぶん古いCMを知ってるね…。

（はっ、年齢がバレちゃったかな）あんた、パイポの件、だまってなさいよ。

①〜⑤の公式に、**「意外性の高い要素」＋「具体的なベネフィット」をあてはめればすぐに使えるんだ。非常に便利なテンプレート**だよ。

5つのテンプレに「意外性の高い要素」→「具体的なベネフィット」を入れる

①「意外性の高い要素」＋「具体的なベネフィット」＋する方法
②なぜ＋「意外性の高い要素」＋「具体的なベネフィット」＋のか？
③まさか＋「意外性の高い要素」＋「具体的なベネフィット」なんて……
④こうやって私は「意外性の高い要素」＋「具体的なベネフィット」＋できました
⑤「意外性の高い要素」で＋あなたも＋「具体的なベネフィット」しませんか？

さっき紹介したキャッチコピーをこの５つのテンプレートにあてはめると、次のようになるよ。

５つのテンプレにあてはめた例①

営業が苦手な方へ
売り込まない営業法で、契約を増やしませんか？
（営業セミナーの集客）
↓
①「売り込まない営業法」で「契約を増やす方法」
②なぜ「売り込まない営業」で「契約が増える」のか？
③まさか「売り込まない営業」で「契約が増える」なんて……
④こうやって私は「売り込まずに」「契約を増やしました」
⑤「売り込まない営業」であなたも「契約を増やし」ませんか？

あら、一気にコピーが５つもできちゃった。

5つのテンプレにあてはめた例②

「キッチンの汚れをなんとかしたい！」とお悩みの主婦へ

たった30秒で、換気扇の頑固な油汚れもピカピカにできます。

（スチームクリーナーの販売）

↓

①「たった30秒」で、「頑固な汚れをピカピカにする方法」

②なぜ「たった30秒」で、「頑固な汚れがピカピカ」に？

③まさか「たった30秒」で、「頑固な油汚れがピカピカになる」なんて……

④こうやって私は「たった30秒で」、「頑固な油汚れをピカピカにしました」

⑤「たった30秒」で、あなたも「頑固な油汚れをピカピカに」しませんか？

5つのテンプレにあてはめた例③

偏頭痛にお悩みの方へ

10年悩んだ原因不明の頭痛を、たった一度の施術で改善した整体法があります。

（整体院の集客）

↓

①「たった一度の施術」で、「10年悩んだ偏頭痛を改善した方法」
②なぜ「たった一度の施術」で、「10年悩んだ偏頭痛を改善したのか」？
③まさか「たった一度の施術」で、「10年悩んだ偏頭痛が改善」するなんて……
④こうやって私は「たった一度の施術」で、「10年悩んだ偏頭痛を改善」しました
⑤×

⑤は、なんで×なの？

この例の場合、⑤に言葉がピッタリあてはまらないんだ。
そういうときは、そのテンプレートを使わない。

アレンジして使っちゃダメ？

このテンプレは、なるべくそのまま使ったほうが効果大だよ。①「**意外性の高い要素**」と「**具体的なベネフィット**」**がはっきりある。②テンプレを崩さない。この2点が重要。**

もっとテンプレートを教えて！

「ストーリー性が強い提案」で効果的な5つのテンプレ

いろはちゃん、ドキュメンタリー番組って見る？

たまーに見るわ。

「情熱大陸」や「プロフェッショナル 仕事の流儀」を見たことはある？

あるわ。うちの社長、どっちもDVDセット持ってるわよ。

今から紹介するテンプレートは、これらの人気番組にちょっと共通するんだ。
たとえば、こんな提案。

> 「このままでは大学に進学できない」とお悩みの方へ。
> 学年ビリが、国立大学へ現役合格した勉強法を教えます。
> （予備校の集客）

何が共通してるの？

上手くいかなかった人が、ある方法を実行したら、ついに成功できたっていうストーリーだよ。ドキュメンタリー番組もそうだけど、人の心を打ちやすい。こんな風に使うんだ。

「ストーリー性が強い提案」で役立つテンプレ要素

「不利な状況」＋でも＋「具体的な成功」＋できる（できた）

ああ～なるほど。私も失敗することが多いからさ、こういうのってなんか共感して見入っちゃう。さっき学んだ「ストーリーを語る」に少し似てるわね。

「ストーリー性の高い訴求」で効果的な5つのテンプレートは、上手く使えば大きな効果が見込めるよ。

「ストーリー性が強い提案」で効果的な5つのテンプレート

①「○○でも○○できる（できた）」
②「どのようにして、○○が○○できたのか？」
③「○○が○○した方法」
④「なぜ、○○が○○なのか？」
⑤「まさか、○○が○○するなんて……」

ここに「不利な状況」と「具体的な成功」をあてはめると、こうなる。

5つのテンプレに「不利な状況」→「具体的な成功」を入れる

①「不利な状況」＋でも＋「具体的な成功」＋できる（できた）
②どのようにして、「不利な状況」＋「具体的な成功」＋のか？
③「不利な状況」＋「具体的な成功」した方法
④なぜ、「不利な状況」＋「具体的な成功」なのか？
⑤まさか、「不利な状況」＋「具体的な成功」なんて……

106ページの予備校の集客のコピーで応用してみよう。ではどうぞ。

え〜、私に考えろって？　しょうがないわねー。

「ストーリー性が強い訴求」で効果的な５つのテンプレート例

①学年ビリでも、国立大学に現役合格できる。
②どのようにして、学年ビリが国立大学に現役合格できたのか？
③学年ビリが国立大学に現役合格した方法
④なぜ、学年ビリが国立大学に現役合格したのか？
⑤まさか、学年ビリが国立大学に現役合格するなんて……

素晴らしいじゃない、だんだん要領をつかんできてるね。

だからナメないでって言ってるでしょ！
ねえ、このテンプレートも、言葉を崩したらダメなの？

ダメだよ。人を注目させやすい言葉だから、できるだけこのまま使おう。

「強烈なベネフィットを約束する提案」で効果的なテンプレ

強烈なベネフィットとは、その名のとおり、こんな提案！

> 本気でダイエットしたい方へ。
> 3ヶ月でマイナス10キロを約束します。
> （パーソナルトレーニングジムの集客）

しびれること言うわね。それ、どこのジム？

これは、その欲求を持っているターゲットに対して、強い効果をもたらすテンプレート。
強烈なベネフィットを約束できるときに使うよ。

「強烈なベネフィットを約束する提案」で役立つテンプレ要素

「強烈なベネフィット」＋約束します

３ヶ月でマイナス10キロを本気で約束してくれるんだったら、嵐の中でも行くわ！

注意点は、**強烈なベネフィットを約束できる優れた商品じゃないと使えない点。**
「強烈なベネフィット」を必ず入れるようにしよう。

「約束します」の部分は「約束」に短縮してOK？

その崩しはOKだよ！　その場合、こんな感じになるね。

３ヶ月でマイナス10キロを約束！

「魅力的な全額返金オファーがある提案」で効果的なテンプレ

これはわかりやすいんじゃないかな？ さっきのダイエットコピーにつけ加えてみよう。

本気でダイエットしたい方へ
3ヶ月でマイナス10キロ痩せなければ、
全額返金を保証します。
（パーソナルトレーニングジムの集客）

効果がなかったら全額返金ってヤツね。度胸あるわね。

「強烈なベネフィットを約束する提案」で役立つテンプレ要素
「ベネフィットが叶わなければ」＋全額返金します

「全額返金保証」の部分は、「全額返金」と言い切ってもＯＫ。

「新規見込み客への広告」で使えるテンプレ

広告先は、大きく分けると次の２つがあるよね。

・既存顧客（広告を見てもらいやすい）
・新規見込み客（広告が無視されやすい）

だから？

ここでは、新規見込み客をターゲットにする場合に、効果的なテンプレートを紹介するよ。
「読み手を具体的に絞りこんだ言葉」を使うんだ。

来年の夏までに本気で痩せたいあなたへ
（パーソナルトレーニングジムの集客）

悔しいけど私、絞りこまれたわ！

言うまでもなく、ターゲットから注目されやすいんだ。**人は自分に対して一番の興味を持つものだから、「これって私のこと？」と思える表現が注意をつかむ**ってことさ。

この前に言ってた、カクテルパーティ効果ってやつね。

そのとおり。新規見込み客は、驚くほど広告を無視するんだけど、そんなときにカクテルパーティ効果は、かなり強い武器になる。「○○のあなたへ」というふうに使うんだ。

「新規見込み客への広告」で役立つテンプレ要素

①「ターゲットの具体的な状況」＋あなたへ

②「ターゲットの具体的な悩み」＋あなたへ

③「ターゲットの具体的な欲求」＋あなたへ

「あなたへ」の部分は、「主婦へ」「社長へ」「35歳以上の方へ」といったように、絞りこんだ属性を入れてもいいよ。たとえばこんなふうにね。

> イヤイヤ期のお子さまを育児中のママへ。
> 「ひとりの時間がほしい」と悩んでいませんか？
> はなまる保育園の一時保育プランは、
> 専業主婦でもご利用いただけます。
> 週2回、お子さまをお預かりしますので、
> ショッピングやお茶などのリフレッシュにお使いください。
> （保育園の集客）

なるほど。ところで、「○○のあなたへ」にはベネフィットが入ってないわ。

鋭いね。**このテンプレートは、他のテンプレートとミックスして使う**んだ。こんな感じさ。

セールストークが苦手な営業マンへ。
こうやって私は、
売り込まずに契約を増やしました。
（セールスセミナーの集客）

「このままでは大学に進学できない」とお悩みの高校2年生へ。
学年ビリでも、国立大学に現役合格できる！
（予備校の集客）

今度こそ、ダイエットに挫折したくない方へ。
3ヶ月でマイナス10キロ痩せなければ、全額返金します。
（パーソナルジムの集客）

この「新規見込み客の獲得」に似たテンプレートも紹介しておこう。
どれも見たことがあるんじゃないかな。

「新規見込み客への広告」で役立つ他のテンプレ例

「○○でお悩みですか？」

「もし、○○ならば……」

「募集！　○○の方」

「求む！　○○の方」

そういえばうちの社長、「すぐに辞めてしまう社員でお悩みですか？」っていう広告を、昨日ガン見してたわ。

「○○でお悩みですか？」のパターンは、ネット広告でも非常に多く使われているよ。
それだけ、人の気を引くテンプレートということさ。

「失敗を防ぐ提案」で効果的なテンプレ

失敗を防ぐ？

ベネフィットが、よくある失敗を防ぐ内容なんだ。たとえばこんな提案があるとする。

彼氏に料理を褒められたいあなたへ。
料理初心者でも、すぐにマスターできる！
ふわふわのオムライスの作り方。
（料理教室の集客）

アパート経営を検討中の方へ。
「やるんじゃなかった……」と後悔しない
満室経営の秘訣を教えます！
（不動産投資セミナーの集客）

急に出張が決まった方へ。
ご安心ください。そんなときでも、
安くて良い宿泊プランが必ず見つかります。
（ホテル予約サービスの案内）

そういうことか。料理初心者のふわふわオムライス・投資初心者の満室経営・急なホテル選び、全部難しそう。

「失敗しない○○」を提案するんだ。こんな公式だよ。

失敗しない＋「よく失敗すること」のコピー例

・失敗しない、ふわふわオムライスの作り方
・失敗しない、初めてのアパート経営の仕方
・失敗しない、急な出張のホテル選び

このテンプレートでは、**「失敗しない」という言葉と「よく失敗すること」を必ず入れよう。もう1つ大事なのは、「よく失敗すること」が本当によく失敗することなのかどうか。**

「失敗しない、冷ややっこの作り方」って言われても何のヒキもないものね。テキトーに書いたらいけないのね。リサーチしま～す。

「不安をあおる提案」で効果的なテンプレ

ねえ、いろはちゃん。そんなにお菓子ばかり食べてたら、太るんじゃない？

キャーーーーーー！　あんた、大キライ！

今いろはちゃんは、感情的になった。

腹が立つこと言われたからね！（まあ、図星なんだけど……）

こんなふうに、「このままではマズイよ」と恐怖心をあおるのが、このテンプレート。
恐怖訴求（フィアアピール）と呼ばれ、ベネフィットをあえてダイレクトに伝えないんだ。

次は、フィアアピールの提案例ね。

年収1000万円以上の個人事業主へ。
税務調査は、

ある日突然やってきますが
その確定申告で、
本当に大丈夫でしょうか？
（税理士事務所の広告）

炭水化物をガマンしている人へ。
糖質制限ダイエットは、
やり方を間違えるとリバウンドし、
もっと痩せにくいカラダになってしまいます。
（ダイエット講座の集客）

お子さまを国立小学校へ進学させたいご家庭へ。
ペーパーが満点でも落ちてしまう子が毎年います。
その理由を知っていますか？
（お受験教室の集客）

「○○でこんな間違いをしていませんか？」って恐怖をあおられると、該当するター**ゲットはもう読まずにいられなくなる**んだ。先の提案で使うとこうなる。

何かしらのリスクを抱える日常的な行動＋こんな間違いをしていませんか？コピー例

・確定申告で、こんな間違いをしていませんか？
・糖質制限ダイエットで、こんな間違いをしていませんか？
・国立小学校の受験対策で、こんな間違いをしていませんか？

これもテンプレートはなるべく崩さないで使うようにする。そして「**何かしらのリスクを抱える行動**」と「**こんな間違いをしていませんか？**」という言葉を必ず入れてね。

「糖質制限ダイエットは実はリスキー」って記事を最近よく見かけるわ。

あと、このテンプレートでは**キャッチコピーの下に**「**意外性の高い間違い**」**を箇条書きする方法も効果あり**だよ。具体例を見てみよう。

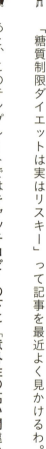

「意外性の高い間違い」の箇条書き例

国立小学校の受験対策で、こんな間違いをしていませんか？
✓有名なお受験教室に通わせる
✓ペーパーで満点をとる
✓合格した家庭の勉強法をマネする
✓ひたすらドリルを解き続ける
✓5歳までに勉強をスタートさせる
（お受験教室の集客）

間違いの項目に心当たりがあると、続きを読みたくなるわね。

これもザイガニック効果の一例だよ。

「バナー広告」で効果的なテンプレ

バナー広告のクリック数を増やす方法ってあるの？

CTR（クリック率）を伸ばすってことかな？　バナーが100回表示されて、10人がクリックしたら、CTR10％ってやつだよね。

CTRは高いほうが広告費用も抑えられるんでしょ？

そうだね。バナー広告は、CTRの向上が費用対効果に大きく影響する。でも、ネットユーザーにとって、バナーなんて空気のような存在。風景の一部になってるからね。

むしろウザいくらいの存在ね。

さあ、どうすれば彼らの注意をつかめるか？
バナー広告で一般ユーザーの注意をつかむコツを3つ伝授するよ。

バナー広告で注意をつかむコツ１

明らかに魅力的なオファーがあるなら、ストレートにそれを伝えるコピーでOK。

バナー広告で注意をつかむコツ２

かつての「アイコス」のように、広告を出す当時、人気の高い品薄商品なら、それをストレートに伝えるコピーでOK。

バナー広告で注意をつかむコツ３

商品もオファーも普通の場合は、売りこまない！　ベネフィットを露骨に語らない！見込み客の興味だけを刺激する！

難しいのは３つ目の、商品もオファーも普通の場合。もっとも多いケースだけど、こういうときに使えるおすすめのテンプレートをいくつか教えるよ。

商品もオファーも普通のバナー広告で役立つテンプレA

○○は○○するな

①「常識的に信じられている方法やものごと」＋するな

②「ターゲットが興味を持っていること」＋まだ、するな

出た〜、カリギュラ効果ね。

この「するな」は、「しないでください」でもいいんだ。

「○○は○○するな」のコピー例

糖質制限はするな
（ダイエット教室）

不動産投資は、まだやらないでください
（不動産投資セミナー）

プロテインは飲むな
（筋トレ系サプリ）

絶対に部屋をのぞくなって禁じられて、ガマンできずに戸を開けちゃった鶴の恩返しの物語みたいね。

今まで学んだことを思い出しながら、次にいってみよう！

商品もオファーも普通のバナー広告で役立つテンプレB

○○のあなたへ

①「ターゲットの具体的な状況」＋あなたへ
②「ターゲットの具体的な悩み」＋あなたへ
③「ターゲットの具体的な欲求」＋あなたへ

カクテルパーティー効果ってことかしら？

基本的には同じだけど、バナーの場合は、より具体的に絞りこんだ表現がいいんだ。こんな感じだね。

「○○のあなたへ」のコピー例

イヤイヤ期のお子さまについて、悩みが3つ以上あるお母さまへ
（育児サポート業）

明日泊まれる、品川付近のビジネスホテルをお探しの方へ
（ホテル予約サービス）

資料請求案件のＣＰＡが３０００円を超えてしまう、リスティング広告担当者へ
（リスティング業者）

こんなのもあるよ！

商品もオファーも普通のバナー広告で役立つテンプレＣ

○○した結果……

『「ザイガニック効果の高い要素」＋した結果……』のコピー例

原因不明の頭痛に悩んだ女性が、歯医者で銀歯をとった結果……
（歯科クリニック）

糖質制限を30日やめた結果……
（ダイエット講座）

ボディビルダーがプロテインをやめた結果……
（筋トレ系サプリ）

今学んだテンプレを使えば、売りこまず、ベネフィットを露骨に語らず、見込み客の興味だけを刺激できるのね。

一番大事なのは、**セールス色を消すこと**だよ。「なんだか面白そう！」と思わせないと、クリックしてもらえないからね。

いかにも広告くさいバナーは無視されると思っていいのね。

そう。でも、バナーで売り込んでいい場合もある。それはどんなケースだったっけ？

125ページの「バナー広告で注意をつかむコツ1」「バナー広告で注意をつかむコツ2」のケース。

正解！よく覚えてたね。

このバナー広告のコツって、どんな媒体でも有効なの？

絞りこみ機能がそれほど強くない広告媒体、たとえばフェイスブック広告がそうだけど、ぼんやりした欲求の人たちを振り向かせたいときに使えるね。

絞りこみ機能が強い広告媒体だとどうなの？

グーグル広告のようなキーワード型検索広告など、欲求の高いターゲットへアクセスできる広告媒体では、違ったやり方でバナーを作る必要がある。もっと詳しい情報を知りたければ、リスティング専門の広告代理店が配布しているレポートやブログを参照してみるといいよ。ここでは長くなるから割愛。

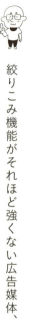

複数のテンプレートを同時に使う

キャッチコピーのテンプレートは、単品で使うケースと、複数を組み合わせて使うケースがある。組み合わせるケースは、こんな感じだね。

複数のテンプレを組み合わせたコピー例

レーシックはするな！
こうやって私は、たった28日で
視力が0・6もアップしました。
（視力矯正グッズ）

ダイエットが続かないあなたへ。
3ヶ月でマイナス10キロ痩せなければ
全額返金します。
（パーソナルトレーニングジム）

失敗しない受験対策。
なぜ、学年ビリが国立大に現役合格したのか？
（予備校の集客）

消費税を申告している個人事業主の皆さんへ。
あなたは、確定申告でこんな間違いをしていませんか？
（税理士事務所の集客）

これまで聞いてきたことが、ここに散りばめられてるのね。

たくさん考え、1日寝かせて、良いものの2つでスプリット

テンプレの注意点。最初からテンプレートにあてはめてキャッチコピーを作るのはやめよう。穴埋め作業をしてしまうと、想像力にリミッターがかかっちゃうからね。

ふーん、そうなの？

よくある失敗例が、読まれる提案を考えず、いきなりテンプレを使ってキャッチコピーを作るケース。どうでもよい提案を、それっぽく語るだけでは、反応は得られないよ。

「なんちゃってキャッチコピー」ね。（私、量産するところだったわ）

それとキャッチコピーは、１つの商品につき、最低30個は案を考えよう！

ムリムリムリ！

これが案外、考え始めたら出てくるものだよ。30個出たら、一晩寝かせて翌日また眺めてみる。あとで説明するけれど、スプリットテストのためにこの中から２つを選ぶんだ。

少し時間を置いてから、冷静に良い案を選べってことね。スプリットテストって何？

スプリットテストについては６章で解説するよ。

結論④

❶表現2割が、売上を爆発させる。

❷広告文章では、キャッチコピーが何より大切。お客さんは、キャッチコピーを見て、その広告を読むかどうかを一瞬で判断する。

❸売れる提案をより魅力的に表現するのがキャッチコピー。

❹ネットにおいて「忘れられない」というのは、とても重要。

❺テクニックバカになってはいけない。テンプレート信者になってもいけない。

❻キャッチコピーは最低30個の案を考える。一晩寝かせて2つ選び、スプリットテストをする。

第5章

書かないほど売れる ボディコピーの書き方とは？

長文を書くのしんどっ！ って人に贈る裏テク

下手なボディコピーは買わない理由を与えてしまう

キャッチコピーを変えたら、売上の数字がまた伸びたわ！

コピーの内容で結果がガラッと変わることを、まさに体感してるね。

もっと数字を伸ばす方法ないの？

あるよ。それは、ボディコピーさ。

おおっ！あるのね。って、ボディコピーって何？

広告では、キャッチコピー以外の文章って考えればＯＫ。ボディコピーはキャッチコピーほど重要じゃないけど、あまりにひどいと大変なことが起こる。

大変って？

キャッチコピーで注意をつかんだお客さんに、買わない理由を与えることになるんだ。
まあ、今から話すことを聞けば大丈夫さ。

わかりやすく手短に話してよね！　忙しいんだから！

もちろんそうするし、そうせざるを得ない。

どういうこと？

実は**ボディコピー**って、**本格的に学ぶとかなりの期間が必要**なんだ。覚えることが多くて、
練習もたくさんしないといけないし、一朝一夕では習得できない。

ええ～、めんどくさい。やっぱやめるわ！

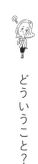

とは言っても、最低限の要素を満たしたボディコピーなら、すぐに書ける方法があるよ。

それじゃ、早く教えなさいよ！

では教えましょう。「ボディコピーを書かない方法」を。

はぁ？ 真剣に言ってるの？

もちろん！

ナンパで例える 売れるボディコピーの構成

いろはちゃんみたいな素人が、そこそこのボディコピーを迅速に完成させるには、「**書く作業**」から「**話す作業**」にシフトするのが**一番簡単**なんだ。

コピーを話すの？

うん、まあそんな感じかな。そもそも僕が教えているコピーライティングは、「セールスコピー」とも言われている。わかりやすく言えば、営業トークと似ているんだ。

訪問営業にしろ、家電量販店の売り子にしろ、どっちかというと迷惑なイメージね。

そうそう。露骨にいうと、**ナンパに近い**かな？

ああ、あれはウザいわよね！（実は1回もナンパされたことはない）

でも、お客さんも広告をそんな感じに思ってる。それが現実だよ。そこを突破して、読んでもらい、買ってもらうのがセールスコピーさ。

まあね。それで、ボディコピーってどう作るの？

たとえば**5メートル前を歩いている人に、何かを売ることにしよう。**その人が、思わず振り向いてしまう提案を考えるんだ。

コピーライティングで言えば、読まれる提案ってこと？

そうそう。でも長すぎたり、わかりにくかったりしたら、その人は絶対に聞いてくれない。
そこで、魅力的にスゴイ提案をズバッと語る必要があるんだ。これがキャッチコピーだよ。

それで、その次はどうするのよ？

さて次から何を言えば、お客さんは買う気マンマンになるのか？
ここからはボディコピーの世界に入るわけなんだけど、どうすればいいと思う？

商品の良さを、順を追って語る？

ブー！　それはまだ早い。5メートル前に歩いている人が振り返った後は、**その人に近づいてきてもらわないと、話ができない**よね？　まず**近づいてきてくれる言葉を言わないと。**

振り返っただけじゃ、足りないのね〜。

相手が振り返って、こっちに近づいてきて、そこで初めて会話の準備が整うんだ。

じゃあ、その人が仮にこっちに近づいてくれたとしたら、いよいよ商品の話ね。

ブブブー！ まだ早いよ。だって初めて会った人にいきなり注意を引かれたら、気になりつつも……かなり疑っている状態だよね？

まあ、ね。

だからまずは、**あなたが信用できるという証拠を伝えないとダメ。**

その次に来るのが、商品の話ってことか！

ブブブブゥー！ 残念でした〜。

もう、ブブブブうるさいわね！ こっちは素人なのよ！

ソコソコ信用してもらったとしても、じゃあこれを買ってよと言ったら……。お客さんからすれば、なんでやねんっ！って話ですよ。だから、商品よりも先に伝えないといけないことがあるんだけど、わかる？

べ、ベネフィットかなー？

ピンポーンピンポーン！

（ホッ！）

そう、**商品よりも先にベネフィットを伝えよう。**お客さんは商品ではなく、ベネフィットに興味を持つからね。そして、その次に、いよいよ商品紹介だよ。

ベネフィットが叶う理由として、商品の良さをしっかりと伝える。この流れで買いたくなっちゃうわけね。

ブブ！違う。次は、今すぐ動いてもらうべき理由を語る。これ、けっこう重要なんだよ。

んー、なんか悔しいわね！どういうこと？

ネット販売で購入手前までいったのに、やっぱりやめるっていう人は、かなり多いんだ。
だから、**今すぐ申込むべき理由や条件をしっかり語ることが大事**なんだよ。

ああ、それ自分でもよくやるわ。申込完了の間際で、また今度でもいいかなーって思っちゃって。それで結局、忘れちゃったりするの。

そうだよね。だからこそ、お客さんの心を完全につかみきることが重要なんだ。
じゃあ、ここまでの流れをおさらいするよ。

●キャッチコピーからの順番が大事

1 振り向かせる（＝キャッチコピー）

↓

2 近づいてもらう（＝リードコピー）

←

3　信用できる証拠を見せる

←

4　ベネフィットを伝える

←

5　ベネフィットが叶う理由として商品を伝える

←

6　今すぐ動いてもらう理由や条件を伝える

ねえ、２番目のリードコピーって？

広告で一番最初に読まれるのがキャッチコピー。その次に読まれるのがリードコピーなんだ。キャッチコピーのそばにある場合が多いね。

キャッチコピーの力で振り向いてくれたお客さんが、もっとその続きを詳しく聞きたくなるようにするのが、リードコピーってことね。

リードコピーでは、キャッチコピーとは別のベネフィットや社会的証明を伝えてキャッチコピーを強化したり、ザイガニック効果や魅力的なオファーを語るんだ。

文章ベタでも短時間で売れるボディコピーを書く裏ワザ

で、書くんじゃなくて話すって言ってたのは、何なの？

今の**6つの流れに沿って**、**営業トーク**をやってみるんだ。

え！　いきなり営業トークって言われても、困るわ。

難しくないよ。ターゲットに近い写真を目の前に貼って、６ステップの流れでトークをしてみる。今いろはちゃんの会社で売りたい商品って何？

扇風機が内蔵されたヘルメットの販売をプッシュされてるわ。ターゲットは、炎天下の現場で働く人たち。それっぽい写真をググって、プリントして壁に貼ればいいの？

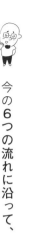

そうそう。じゃあいろはちゃん、この人とリアルに一対一で向き合ったつもりで、話しかけていくよ。このとき、細かい表現はぜんぜん気にしないで大丈夫だからね。

う～ん、できるかな…。

とにかく6つのステップに沿って話し続ける。そしてそれを録音する。スマホに無料のレコーダーアプリを入れておくと、いつでも使えて便利だよ。

あんたもそうしてるの？

今はやってないけれど、なれないうちは録音してたよ。音声を後で文字におこしてみて、その文章をブラッシュアップしていけば、完了！

文章を書くって気張らなくても、トークからコピーが作れるってことね。

そう。このやり方は一番簡単で、しかもイキイキした文章が生まれるんだ！

いろはちゃん、疑似営業トーク中

いろはちゃんが録音から取り出したトーク要素

①振り向かせる＝キャッチコピー
☆炎天下でも、ヘルメットの中が「ひんやり快適」になる方法を教えますよ～。

②近づいてもらう＝リードコピー
☆暑い夏の現場作業ってヘルメットで頭がむれるし、超絶な地獄ですよね？ でも、この「冷風ヘルメット」を使って、快適に仕事をする人が増え続けているんです。

③信用できる証拠を見せる
☆実際にお客さんから、こんな感想をもらったの。「気温 37° の日に使ったら、脱いだ後のほうがむしろ暑さを感じました」

④ベネフィットを伝える
☆夏場のヘルメットが「うぇぇ、かぶりたくねぇ～」から「これがなきゃ仕事できねぇ！」に変わりますよ。仕事もはかどるし、熱中症予防にもバッチリ！　ヘルメットの中が、「猛烈なサウナ」から「涼しい風が吹き続ける日陰」に変わるってイメージしてもらったらわかりやすいかしら？

⑤ベネフィットが叶う理由として商品を伝える
☆秘密はヘルメットに内蔵された冷却ファン。太陽光で動いて、ヘルメットの内側へ風を送り続けるので、何時間でも頭を涼しく快適に保てるってわけ。

⑥今すぐ動いてもらう理由や条件を伝える
☆けっこう人気があって、残り 28 個だから、今買わないとなくなりますよ～。

最終的にできあがったヘルメット広告のイメージ

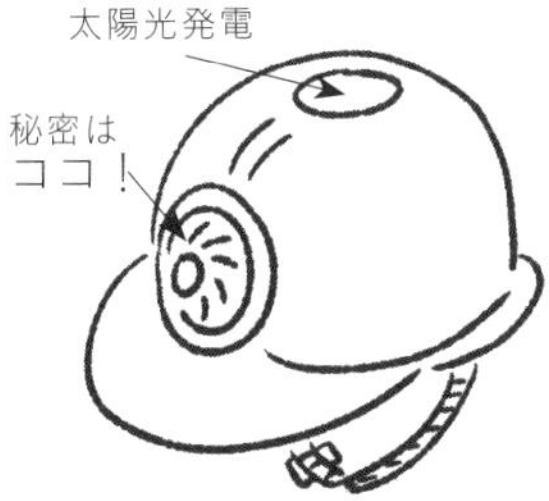

なぜ、**炎天下**でも、
ヘルメットの中が
「ひんやり快適」
になるのか？

夏の現場作業でのヘルメット着用は、暑くてキツイですね。でもこの「冷風ヘルメット」で、快適に仕事をする人が増え続けています。

気温 37°の日に使ったら
脱いだあとのほうが
むしろ暑さを感じました

冷風ヘルメットがあれば、ヘルメットの中が「サウナ」から「涼しい風が吹き続ける日陰」に変わります。夏場のヘルメットが「ツラい！ 被りたくない！」から「これなしでは仕事できない！」に変わります。もちろん、熱中症予防にもバッチリ。

その理由は、ヘルメットに内蔵された冷却ファン。太陽光で動く扇風機がヘルメット内部へ外気を送り続けるので、暑い日でも頭はずっと涼しく快適でいられます。

人気商品のため残り 28 個なので、お急ぎください。

結論⑤

❶ボディコピーとはキャッチコピー以外の文章すべてを指す。

❷ボディコピーが悪いと「買わない理由」を与えることになる。

❸キャッチコピーを含めると、6つの構成になる。

❹文章が苦手な人は、トークを録音する方法が簡単でやりやすい。

第6章

1%の人しか知らない
どのネット媒体にも効く3大ポイント

商品認知ステージを知らないと、全てのコピーはクソと化す

売上が2倍、3倍と増え続ける スプリットテスト

ここまでで、キャッチコピーとボディコピーの作り方の基本がわかったかな？

なんとなく、わかってきたわ。今は、とにかく色々試してみたいって思ってるの。

お〜、いい意気込みだね！ コピーは実践するほど腕が上がっていくから、いきなりホームランを打とうと焦らずに、一歩一歩やっていけば大丈夫。

ヒットをコツコツ出していくようにするわ。

試行錯誤していくうちに、作り方のコツがだんだんつかめてくるからね。それじゃあここからは、一番売れるコピーを探す工程に入るよ。

探す？

この工程をサボると、コピーライティングはギャンブルと同じになる。
結論から言うと、コピーライティングは科学なんだ。

科学？　どう考えても理系の仕事に思えないけど……？

わかりやすく言うと、内容が異なる複数のコピーで広告してみて、その効果を測定しながら、一番売れるコピーを探し当ててるんだ。代表的な方法は「スプリットテスト」だよ。

専門用語みたいなの言われても、わかんないわ！

スプリットテストというのは、広告業界では一般的な方法で、「ABテスト」とも言うよ。
まずは、コピーが異なるAとBの別パターンで広告を試してみて、効果を測定する。

次はどうするの？

コピーBのレスポンスのほうが高かったなら、次はBとCでテスト。もし、コピーCが良かったなら、今度はCとDを競わせて…こんな具合で一番売れるコピーを探し当ててるんだ。

メンドくさっ！

でもゼッタイ大事。
いろはちゃんは、臨床試験をやっていない新薬を飲むのはいやでしょ？

いや。そもそも効果があるのかわかんないし、ヤバい薬かもしれないし。

それと同じで、コピーも市場に一度出してみて、効果を試してみる必要があるんだ。
結果がクソなら、そのコピーはクソということになる。

ふうん。そのテストってどうすればいいの？

やり方はシンプル。キャッチコピーだけが異なるページを2種類用意して、同じ条件で露出させるんだ。その結果、どちらのほうに多くレスポンスがあったかを比べればいいよ。

レスポンスが多かったほうのキャッチコピーが、良いってことか。でもこれって、キャッチコピーだけを変えればいいの？ボディコピーも変えたほうがいいんじゃないの？

一番重要なのは**1ヶ所だけを変えて比較すること。**キャッチをテストするなら、キャッチを変える。それ以外の要素も変えると、差があった時、原因を特定できないよね？

あーあ、なんかやる気出ないな〜。

そう思うでしょ？　と・こ・ろ・が！　スプリットテストをする、しないでは、1年後、広告効果に2倍以上の差が生まれたりするんだ。

もう、それを早く言いなさいよ！　やるっきゃないわね。

ネットが存在しなかった昔から、広告業界ではチラシやDMでスプリットテストが実践されていたんだ。つまり、大きな意味があるから、みんなこれをやってるってこと。

ネット広告は紙媒体よりスプリットテストがしやすそうね。

その通り。レスポンス数がリアルタイムでわかるし、すぐにコピーを変更できるからね。

比較して試すのは、キャッチコピーだけでいいの？

いろはちゃんのような**初心者は、キャッチコピーを変更して、スプリットテストを行うことをおすすめする**よ。

中級者になったら、デザインやレイアウト、ボディコピーの構成でＡＢテストしてみろってことね。

あと、ネット広告の場合、申込フォームや決済手段をもっと便利にすることで、レスポンスもアップするから、このへんのテストも重要だね。

はじめてでも失敗しらずのネット広告2つの要点

これまでの成果が認められて、社長から追加予算をもらったわ。

スゴイじゃない！　ここからが本番だね。

でも、いろんなネット広告を試したいけど、たくさんありすぎて……はぁ。

どこの広告媒体を使うべきかって話かな？

そうなの！　売上を増やすには、もっといろんなネット広告を使わないと、って思うんだけどどう選べばいいの？　コピーが良くても、広告媒体を間違えると意味がなさそうだし。

いろはちゃんの言うとおり。ネット広告と言っても、さまざまある。そういった状況だから、ネット広告専門の広告代理店がたくさんあるわけ。

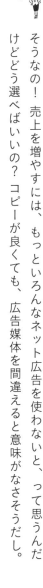

でも、うちは社長がケチで「代理店に依頼せず、自分でやれ！」って言うのよね。

そういう会社は実際に多いよ。でも、今から教える2つのことをわかっておけば大丈夫。
この先、どんな広告媒体を使うとしても、失敗が減るよ。

それを早速教えなさい。

1つ目は、どんな広告媒体にもキャッチコピーが存在するということ。別の言い方をすれば、その広告が読まれるかどうかを決める重要なパートがあるってこと。

ってことは、今まで学んだことが生きるってわけね。

たとえば、次は、グーグルのリスティング広告のバナー。
4章でも少し触れたけど、どこがキャッチコピーになるか覚えてるかな？

リスティング広告のキャッチはどこ？

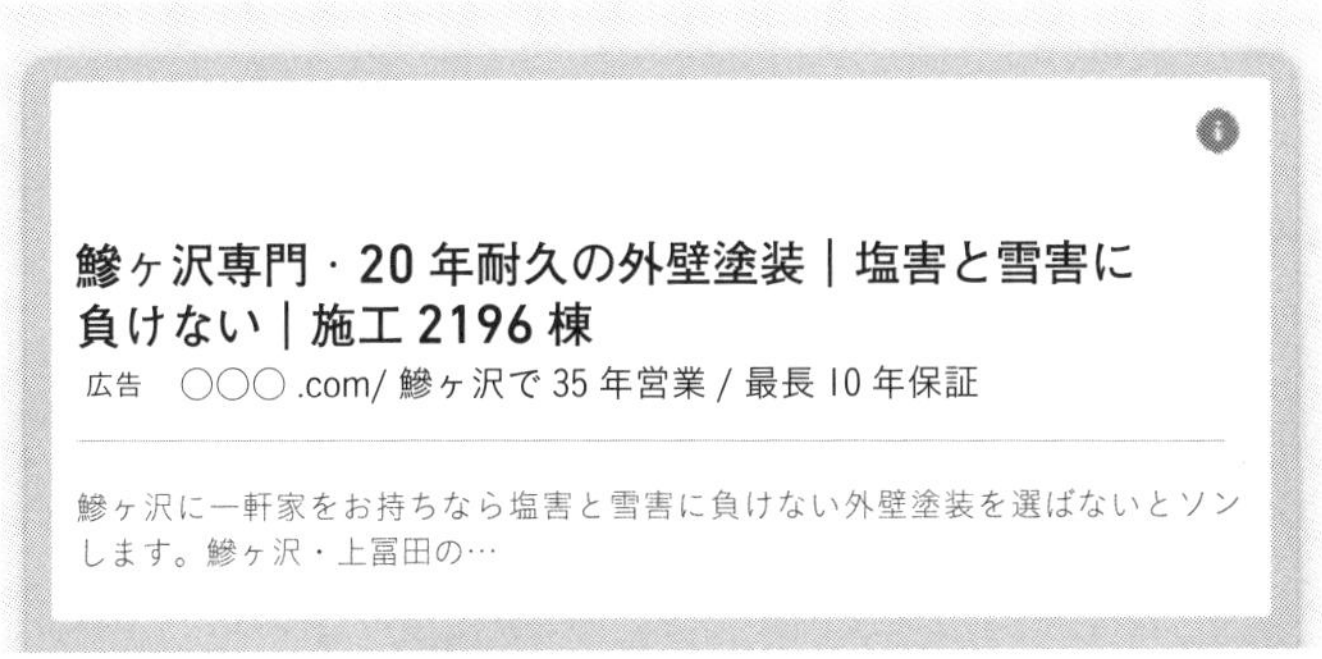
鰺ヶ沢専門・20年耐久の外壁塗装｜塩害と雪害に負けない｜施工2196棟
広告　○○○.com/ 鰺ヶ沢で35年営業 / 最長10年保証
鰺ヶ沢に一軒家をお持ちなら塩害と雪害に負けない外壁塗装を選ばないとソンします。鰺ヶ沢・上冨田の…

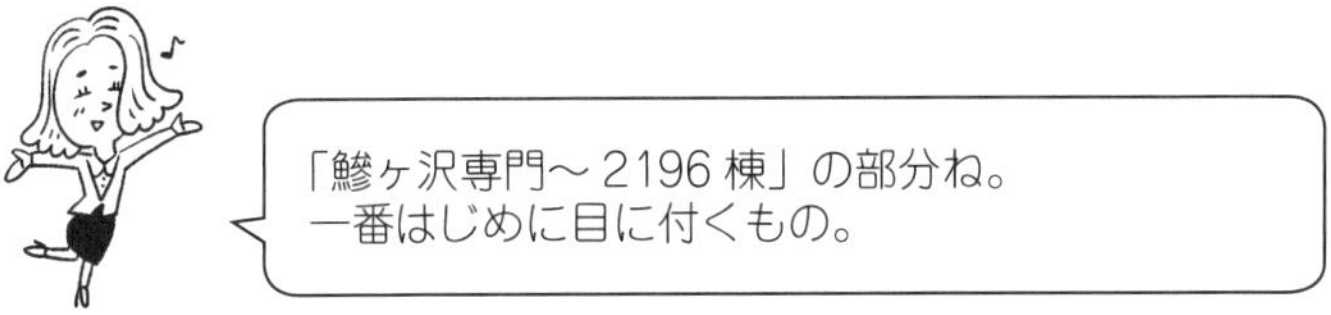
「鰺ヶ沢専門～2196棟」の部分ね。
一番はじめに目に付くもの。

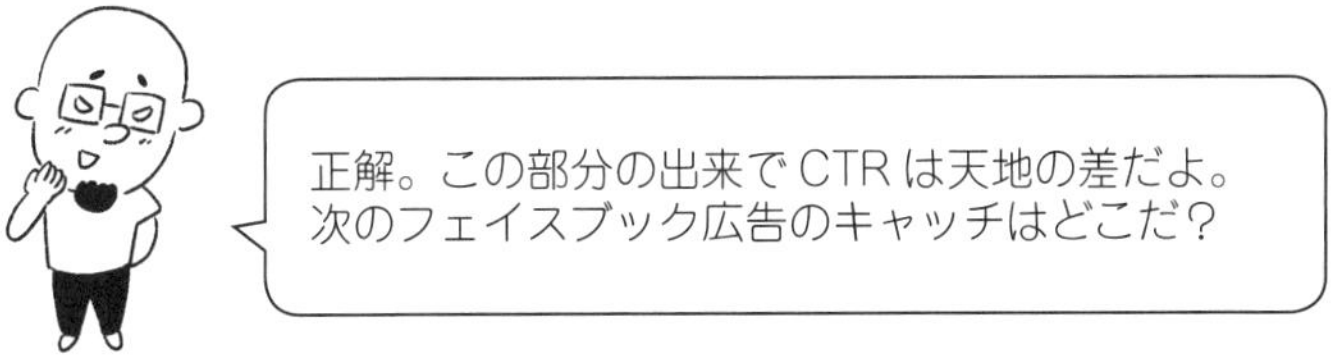
正解。この部分の出来でCTRは天地の差だよ。
次のフェイスブック広告のキャッチはどこだ？

フェイスブック広告のキャッチはどこ？

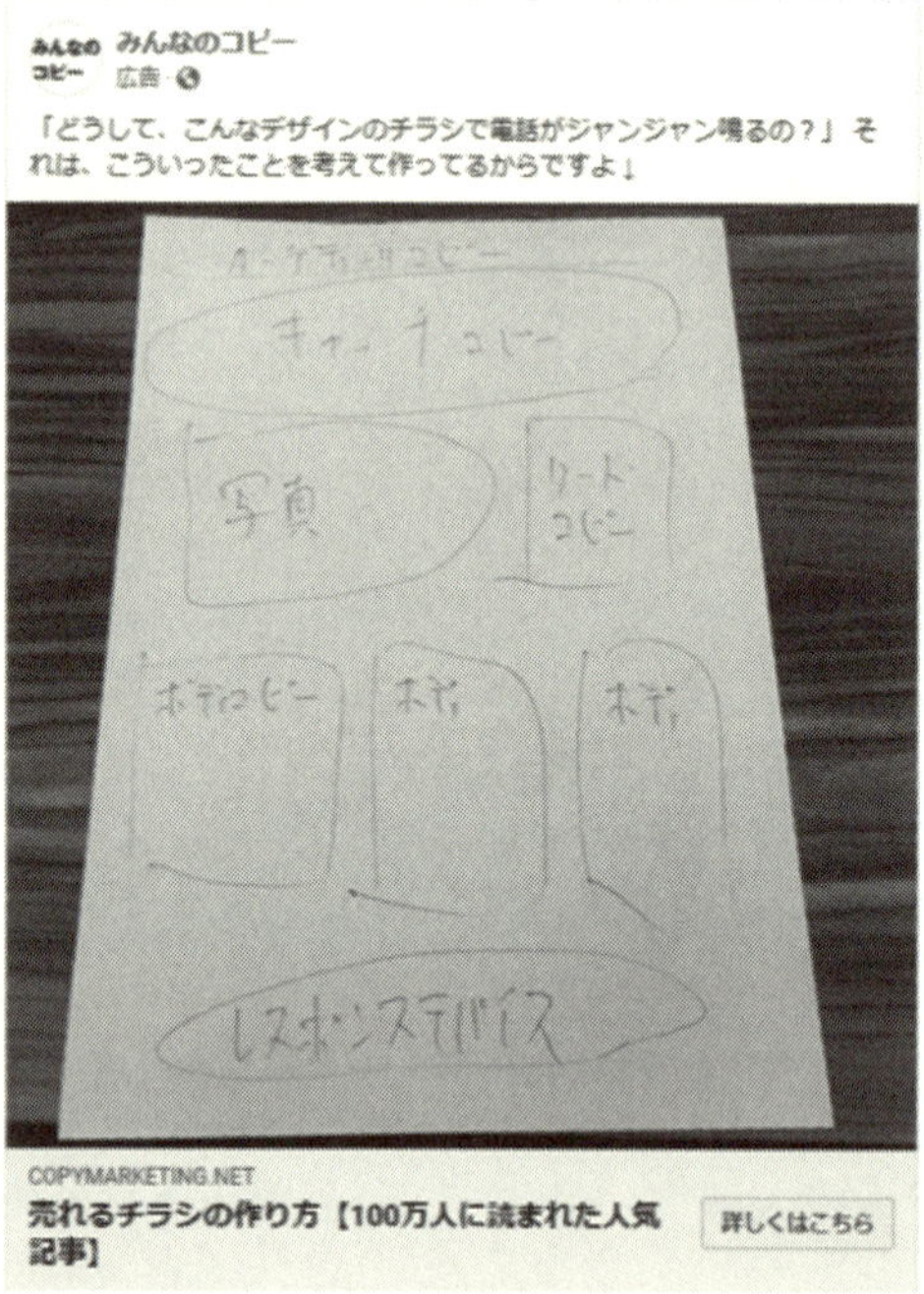

う〜ん、さっきよりは難しいわね。
「売れるチラシ〜人気記事」のところ？

またまた正解。７章に詳述するけど、
FB 広告は写真も重要だけどね。次はどう？

メルマガのキャッチはどこ？

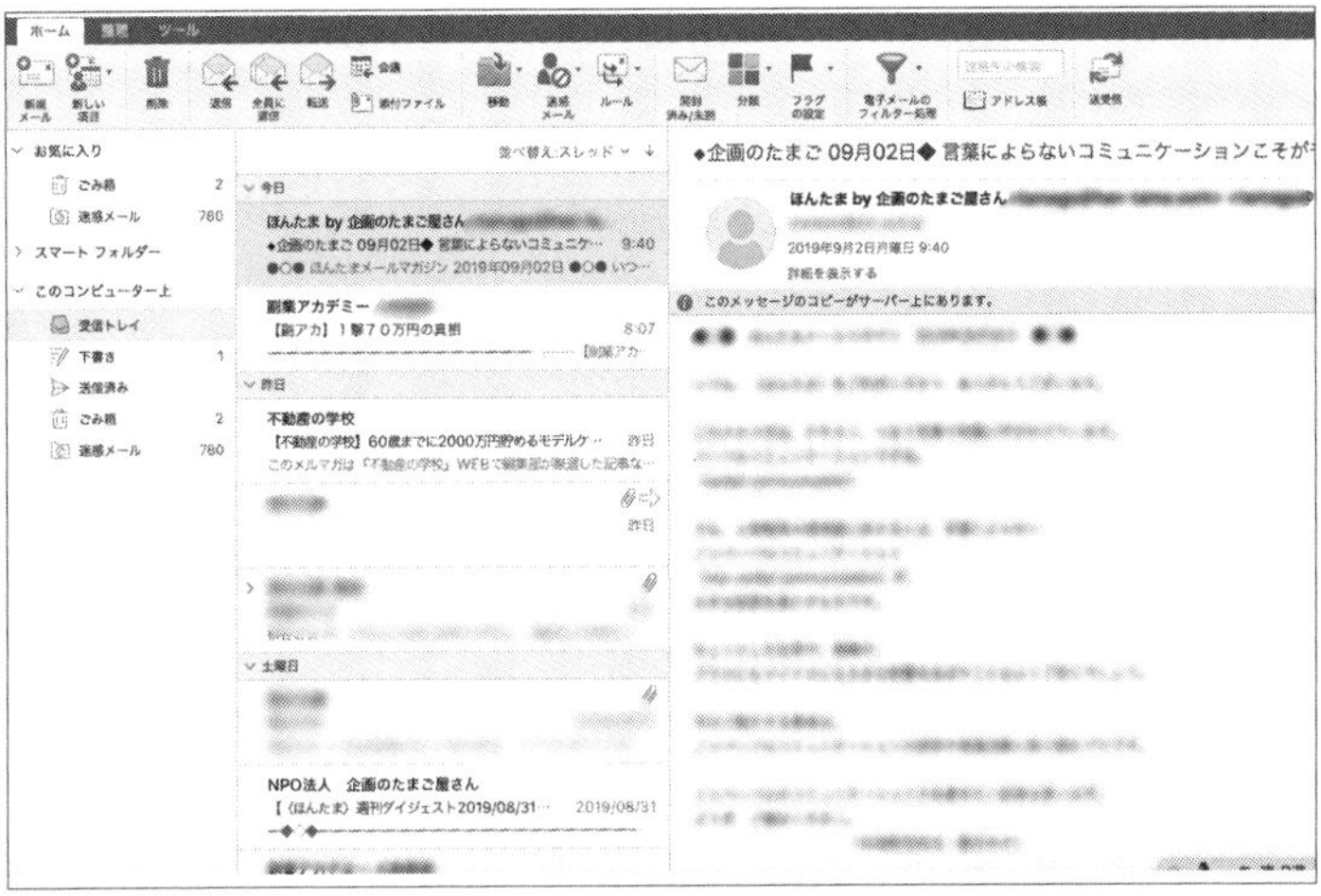

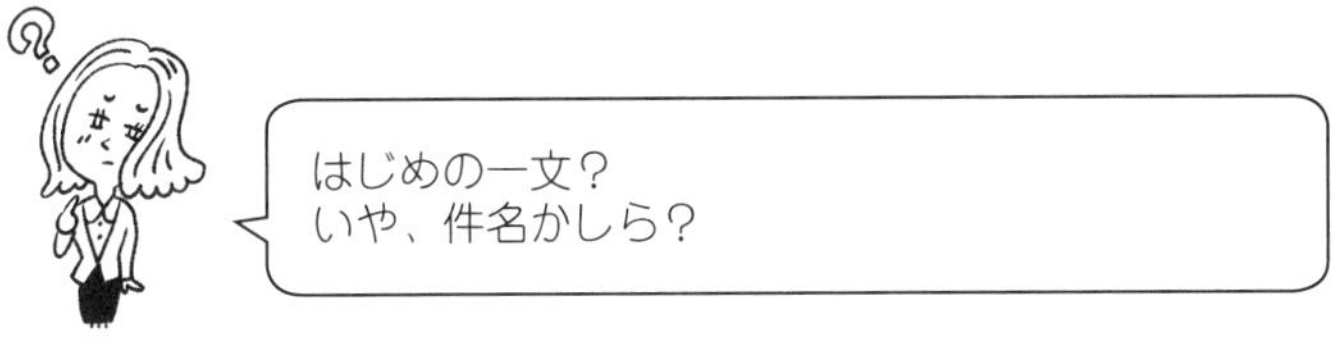

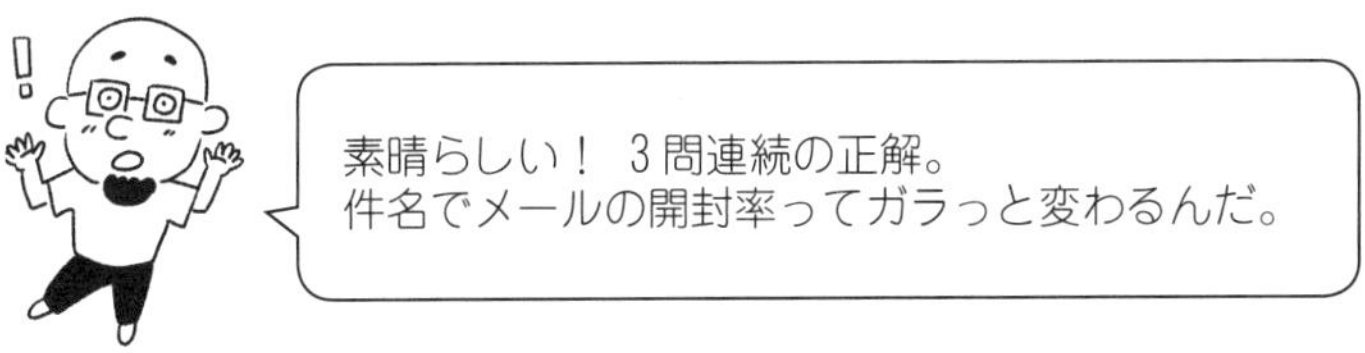

要するに、**どんな媒体を使ったとしても、必ず、お客さんが一番最初に見る箇所があって、それがキャッチに該当するんだ。**ここで失敗すると、どんな媒体でもレスポンスは出ない。

どんな媒体でも、お客さんが最初に見るコトバがどこなのかを、しっかりわかっておくのが重要ってことね。

そういうこと。全神経を集中させて、一発で読み手の注意をつかめるキャッチコピーを考えよう。

OK！これまでに学んだキャッチコピーのテクニックを使えばいいのね！

そうそう！でも、ネットの広告媒体を使うとき、もう1つ重要なことがある。それが「商品認知ステージ」だよ。

４つの「商品認知ステージ」を知って　つき刺さるコピーを書く

いろはちゃんは実際のところ、ネットの広告媒体をどうやって選んでるの？

ユーザーがたくさんいそうな媒体を中心に選んでるわ。

なるほど。そのやり方は完全に間違ってるとは言えないけど、もっと効果を上げられる方法を教えてあげるよ。プロですらこれを知らない人は多いよ。

今すぐ言いなさい！

商品認知ステージをわかっているかどうかで、媒体選びが変わる。さらに言えば、その商品に合ったコピーがズバッと書けるようになるんだ。

そのなんとかステージって？

いろはちゃんって、メガネは使ってないみたいだけど、目はいいの？

いきなり何よ！　視力は悪いわね。コンタクトレンズを入れてるんだけど、ドライアイだから、正直パソコン仕事が長引くとしんどいのよね。でも、メガネは似合わないし……。

じゃあちょうどいい。次の3つはレーシックのクリニックの広告なんだけど、どのコピーがいいと思う？

レーシック・クリニックのコピーA

海水浴や温泉で、メガネやコンタクトが
邪魔だと思われたことがあるあなたへ。
1ヶ月以内に視力を回復できる
新しい眼科治療法があります。

レーシック・クリニックのコピーB

レーシックを受けたいけど、
どの眼科がいいの？ とお悩みのあなたへ。
レーシック手術症例１万件以上の実績を持つ
当院へお任せください。
手術にご満足いただけなければ、
手術料金を全額返金いたします。

レーシック・クリニックのコピーC

レーシックは危ないと
勘違いされているあなたへ。
世界各国の眼科学会で今注目されている
最新技術「○○レーシック」ならば、
従来のレーシックの問題点であった
角膜強度の低下が防げるため、
安全に視力が回復します。

Cかな。Aはなんか、当たり前すぎって感じで響かなかったわ。

そうだよね。A、B、Cはどれも悪くない訴求内容なんだけど、Aは、レーシックが世の中に登場したばかりの頃に有効なコピーなんだ。

コピーA

海水浴や温泉で、メガネやコンタクトが邪魔だと思われたことがあるあなたへ。
1ヶ月以内に視力を回復できる
新しい眼科治療法があります。

↓

Aの特徴

レーシックという言葉を使わず、ターゲットの悩みを解決できる「新しい眼科治療法」として訴求。

多くのターゲットがこの治療法の存在をまだ知らない時代だったから、レーシックという言葉を使っていないよね。だから商品名は出さず、ベネフィットのみを語っている。

なるほど、言われてみればそうね。Bの特徴は何なの？

コピーB

レーシックを受けたいけど、
どの眼科がいいの？とお悩みのあなたへ。
レーシック手術症例1万件以上の実績を持つ
当院へお任せください。
手術にご満足いただけなければ、
手術料金を全額返金いたします。

←

Bの特徴

レーシックが流行り出し、クリニック同士の競争が激しくなってきたため、
他院よりも優れている理由と、魅力的なオファーを訴求。

Bはすでに多くのターゲットがレーシックに興味を持っていて、手術を行う眼科が急増していた頃に有効だったコピーなんだ。

あんたの言いたいことわかってきた。商品が世間にどう認知されているかで、有効なコピーも変わってくるのね。Cはどうなの？

コピーC

レーシックは危ないと
勘違いされているあなたへ。
世界各国の眼科学会で今注目されている
最新技術「〇〇レーシック」ならば、
従来のレーシックの問題点であった
角膜強度の低下が防げるため、
安全に視力が回復します。

←

Cの特徴

従来のレーシックの問題点を認め、それよりも、どれだけ優れているかを訴求。

今は2019年だよね。レーシックのムーブメントはある程度過ぎ去って、一部では手術の失敗例も広まってしまっている。

信用力も以前より低下して、レーシックを希望する人が減ってしまった状況だから、私に一番響いたのがCだったのね。Aは正直、今さら何言ってるのって思ったわね。

だから商品認知ステージは重要なんだ。ターゲットが、どの商品認知ステージにいるのか？　この判断をミスると、刺さるコピーは作れないよ。

商品認知ステージはいくつに分けられるの？

いい質問だね。商品認知ステージは次の4つに分けられる。174ページにイメージ図も掲載したから、あわせて確認してね。

商品認知ステージの4段階

①その商品が欲しい。めっちゃ興味を持っている。
②その商品を少し知ってるけど、まだ欲しくはない。
③ベネフィットには興味があるけど、その商品を知らない。
④まったくの無関心。

商品認知ステージを無視して、良いコピーは生まれないよ。ステージによって書くべきコピーが変わるからね。**①が一番売りやすくて、②、③と進むほど売るのが難しくなる。**

①のターゲットばっかりだったら、ラクなんだけど〜。

残念ながら基本的に④に行くほど人が多くなる。だけど、4つそれぞれのステージにどう対応すればいいかを理解できていれば、つき刺さるコピーをスラスラ書けるんだ！

それ、早く教えな！

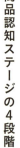

商品認知ステージの４段階を意識してコピーを書く

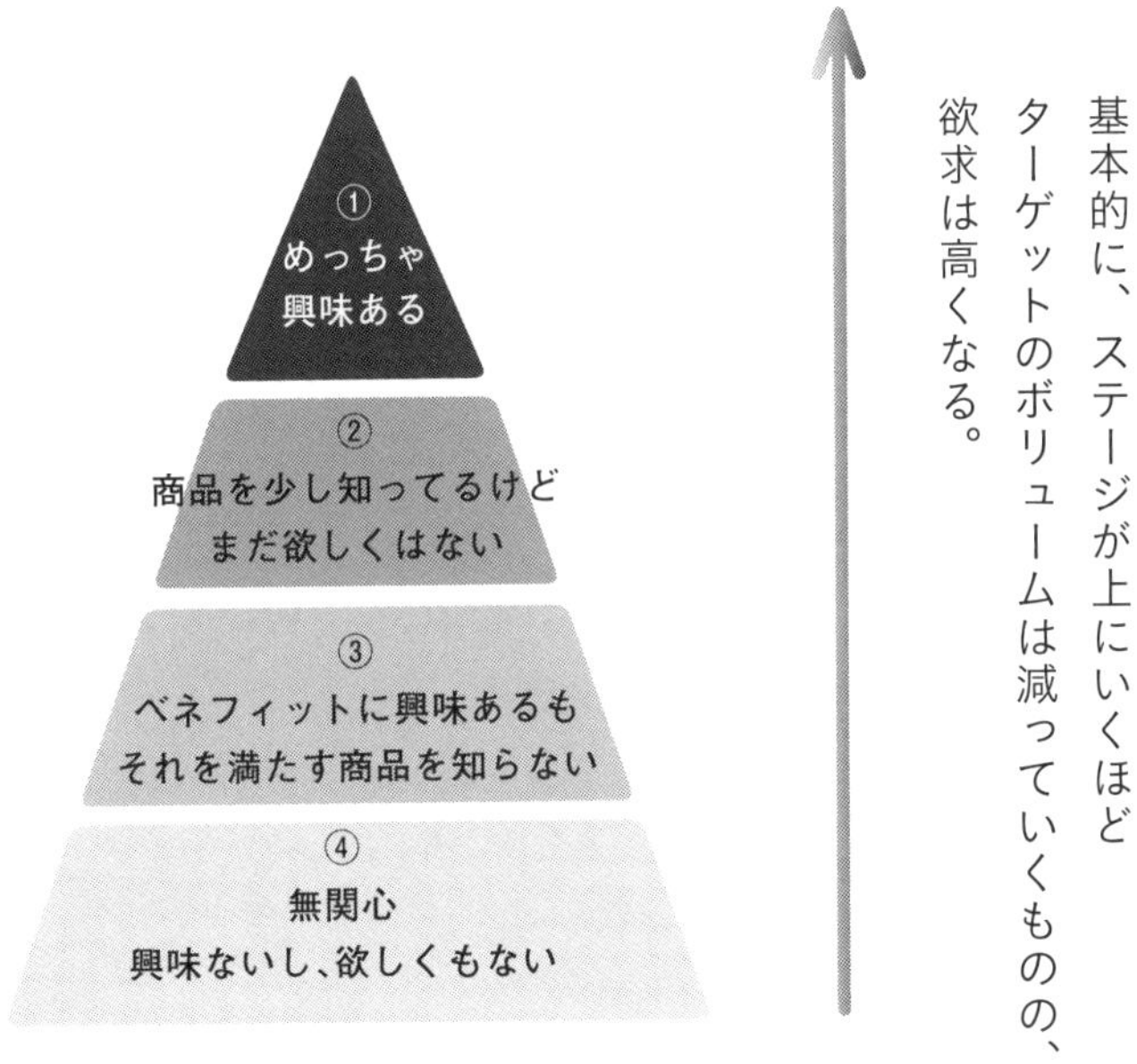
①
めっちゃ
興味ある
②
商品を少し知ってるけど
まだ欲しくはない
③
ベネフィットに興味あるも
それを満たす商品を知らない
④
無関心
興味ないし、欲しくもない
基本的に、ステージが上にいくほど
ターゲットのボリュームは減っていくものの、
欲求は高くなる。

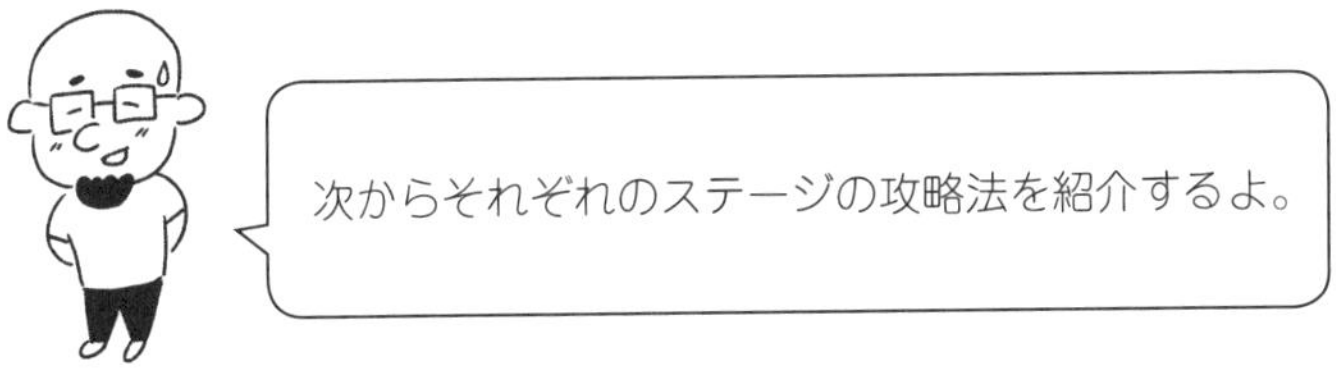
次からそれぞれのステージの攻略法を紹介するよ。

ステージ①「その商品が欲しい、めっちゃ興味を持っている」

商品認知ステージ①のターゲットって、こんな状態だよ。

商品認知ステージ①のターゲットイメージ

・すでに商品名を知っている。
・商品についての知識も、ベネフィットも知っている。
・商品の価格帯も知っている。
・その商品を欲しいことを自覚している。

このターゲットに対しては、次のことに注意してコピーを作るんだ。

商品認知ステージ①のコピー要素

・商品名を入れる。
・魅力的なオファーを語る。

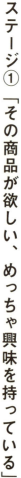

もともとめっちゃ欲しい人には、いきなり商品名を出しちゃっていいのね。

そうだよ。ポイントは「**魅力的なオファー**」**を語る**こと。ちなみに商品名は、一般的に認知されている商品名になることもあれば、「商品の固有名詞」になることもあるよ。たとえば、こんなコピーだね。

商品認知ステージ①のコピー例

最近、「バターが高すぎる」とお困りの方へ。
当店は他店よりも20％安く、
新鮮なバターをご提供します。
（スーパーマーケット。「バター」は一般的に認知されている商品名）

みらくるミラーが、
どこへ行っても在庫切れでお困りの方へ。
100セット限りですが、
当店で緊急入荷しました！
（コスメショップ。「みらくるミラー」は商品の固有名詞）

ところで、いろはちゃんのお店で、商品をこれまで買った人たちの顧客リストってある？

あるわ。

そのなかでリピーターのお客さんは、商品認知ステージ①にあてはまるよ。彼らを他店に浮気させないためにも、**魅力的なオファーで引きとめておかないとね。**

お得意様専用のオファーがあればいいのかしら。

そういうこと！　今後ますます、どの業界でも新規集客は難しくなる。リピーターは贔屓にしないと。次のページに、ステージ①のキーワード検索例を紹介するよ。

ステージ②「その商品を少し知ってるけど、まだ欲しくない」

商品認知ステージ②のターゲットは、176ページのこんな状態にあるよ。

商品認知ステージ①のキーワード検索例

プリウス 中古 大阪 安い

アイフォン 充電器 ワイヤレス 純正

ルンバより安い ロボット掃除機

沖縄旅行 格安 ８月

生食パン PARU 通販

上はステージ①の商品検索例だよ。
かなりハングリーなお客様像を想定していいよ。

かなり具体的に探している。
条件があえば、買う気満々ってことね。

商品認知ステージ②のターゲットイメージ

・商品の良さを完全に認識できていない。
・ベネフィットに確信を持てない。
・以前と比べて、どれだけ良くなったのか？
・他商品と比べて、どれだけ優れているのか？

さっきよりもだいぶハードル高いよ。次のことに注意して訴求内容を作るんだ。

商品認知ステージ②のコピー要素

・商品名を入れる。
・ベネフィットを具体的に語る。
・社会的証明、または権威を入れる。
・以前よりも優れているところを語る。
・他商品よりも優れているところを語る。
・これまでにない新しさを語る。
・超強烈なオファーがあるなら、それを語るのも有効。

このターゲットは、**商品をあれこれ比べてる状態**なのね。
うちが一番いいんだって、わかってもらわないといけないわね。

そうなんだ。たとえばこんなコピーがあるよ。

商品認知ステージ②のコピー例

パーソナルトレーニングって、
食事制限がキツイんでしょ？と思われてる方へ。
ＡＢＣトレーニングは違います。
「炭水化物やスイーツを一切食べるな！」とは言いません。
それでも最短２ヶ月で、友達から
「痩せたね」「キレイになったね」「カッコよくなったね」
と言われるのが、ＡＢＣトレーニングが他と違う強み。
すでに日本全国で5万人が、
キツくないダイエットに成功しています。
（パーソナルトレーニングの例）

さっきいろはちゃんに比べてもらったレーシックのコピーCも、ここの認知度ステージになるんだけど、わかるかな？

レーシック・クリニックのコピーC（再再掲）

レーシックは危ないと
勘違いされているあなたへ。
世界各国の眼科学会で今注目されている
最新技術「○○レーシック」ならば、
従来のレーシックの問題点であった
角膜強度の低下が防げるため、
安全に視力が回復します。

そのくらい、わかるわ！　確かに、友達がレーシックやったのを聞いて、効果も聞いてるし、そんなに良く見えるなら私もやったほうがいいのかなって思ってる一方で…。

ネットで検索したら、実は危ないって、ネガティブな声も見ちゃって。クリニックも色々あって、まあ今はまだいいかーって先延ばししてる感じ、でしょ。

結局、コピーが勝負の分かれめってことか〜。

そうだね。このステージは、コピーライティングの役割がかなり大きい。コピーの善し悪しでレスポンスが大きく変わるよ。

資料請求や、お試しに申し込んだお客さんも、このステージのターゲットになるのかな。

その通り！**WEBページにアクセスした人のリマケ（7章）もそう。**
次のページにステージ②のキーワード検索例を載せるよ。

ステージ②のターゲットイメージは、「**欲求がそこそこ高いけど、即買いするほどまでは高まっていない**」っていう人たちね。

ステージ③「ベネフィットには興味があるけど、その商品を知らない」

この前、糖質制限ダイエットをしてるって言ってたよね？

商品認知ステージ②のキーワード検索例

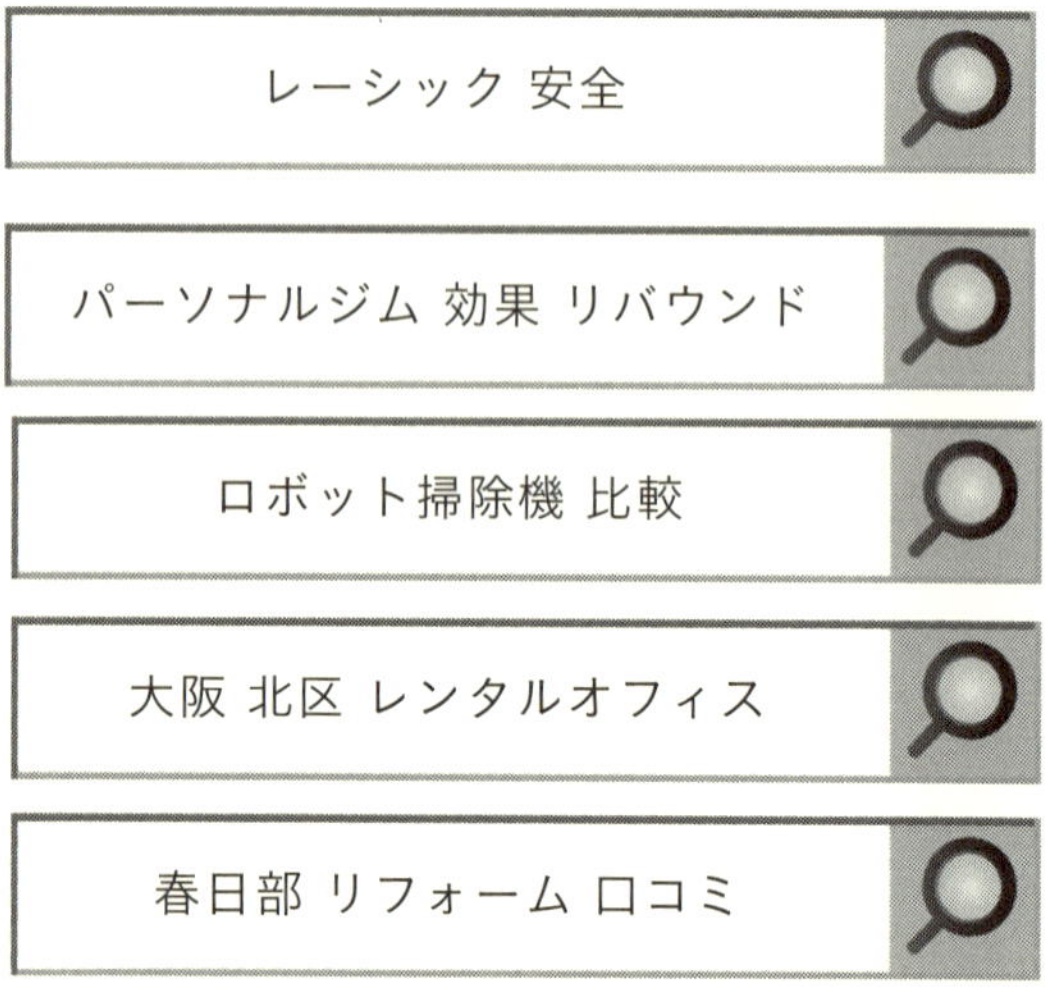
レーシック 安全
パーソナルジム 効果 リバウンド
ロボット掃除機 比較
大阪 北区 レンタルオフィス
春日部 リフォーム 口コミ

商品やサービスの情報を集めている状態。「それならコレにしよう」と納得させるコピーが必要。

情報次第で買うかもしれないし、買わないかもしれない。グレーゾーンにいるのね。

とっくにやめたわ。

そうなんだ。もうダイエットはしないの？

そんなわけないでしょ！最近、仕事のストレスで甘いものに走っちゃって……。
このままじゃヤバいかもなの。

で、これからどうするの？

それが悩みどころ。いろんなダイエットがあるみたいだけど、どれもピンとこないのよね。

ふむふむ、まさにこんな状態でしょ？

商品認知ステージ③のターゲットイメージ
・ぼんやりした悩み、欲求を持っている。
・でも、その解決方法がわからない。

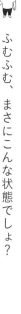

コンテンツマーケティングで集客するときのブログなんかも、ここに該当するね。

何かステージ③は特に重要そうね。この状態の人って多いんじゃない。

その通り。**キーワード検索型広告のようにステージ①〜②を意図的に狙えないネット媒体は、だいたいがステージ③を狙うことになる。**では、ステージ③のコピー例を見てみよう。

「あれ？このパンツ、入らなくなってる……」
とお悩みの産後のママへ。
その原因は、出産で骨盤が開いてしまったから。
ダイエットをして、どうにかなる問題ではありません。
当院の産後骨盤矯正は、合計5回の施術で
開いてしまった骨盤を整えます。
スキニーパンツが入るようになるだけでなく、
骨盤の歪みからくる股関節痛や腰痛も改善できるので、
育児が今よりもラクになります。
（産後骨盤矯正）

もっと収入を増やしたい、
フリーランスのライター、WEBデザイナーへ。
優良クライアントの多くは、
「売れるコピー」が書けるフリーランスに
高額の報酬を支払い続けています。
もし、安い案件を他者と奪い合うケースが多いならば、
この講座で「売れるコピー」を習得してください。
最終試験に合格すれば、大手企業から仕事がもらえ、
年収200万円アップも夢ではありません。
（売れっ子コピーライター養成講座）

そのベネフィットが欲しい人には響きそうだけど、ステージ①や②とは違って、**商品名をドンと出す感じじゃない**のね。

そう、**ステージ③の場合、商品名を出すのはコピーの最後のほう**だよ。次の流れでコピーを考えるといい。

商品認知度ステージ③に響くコピーの流れ

・ベネフィットを語る。
・悩みや欲求をはっきり提示し、その意外な原因を教える。
・ベストな解決法として、商品を伝える。

ちゃんとお客さんの心をつかんでから、「なるほど、こんなすごい商品があるのか」と思ってもらうことが重要なんだ。

頑張ってみるわ。でも、売れるかなぁ？

ステージ③から直で高額な商品が売れることは、正直少ない。でも資料請求やお試しのように、お客さんにとってリスクの少ないオファーで見込客を集めることなら可能だよ。

集めた見込客を、商品認知ステージ②のターゲットに上げるイメージね。

そう。そしてステージが変わるたびに、コピーも変えること。
次ページにステージ③のキーワード検索例を挙げたから、参考にしてね。

商品認知ステージ③のキーワード検索例

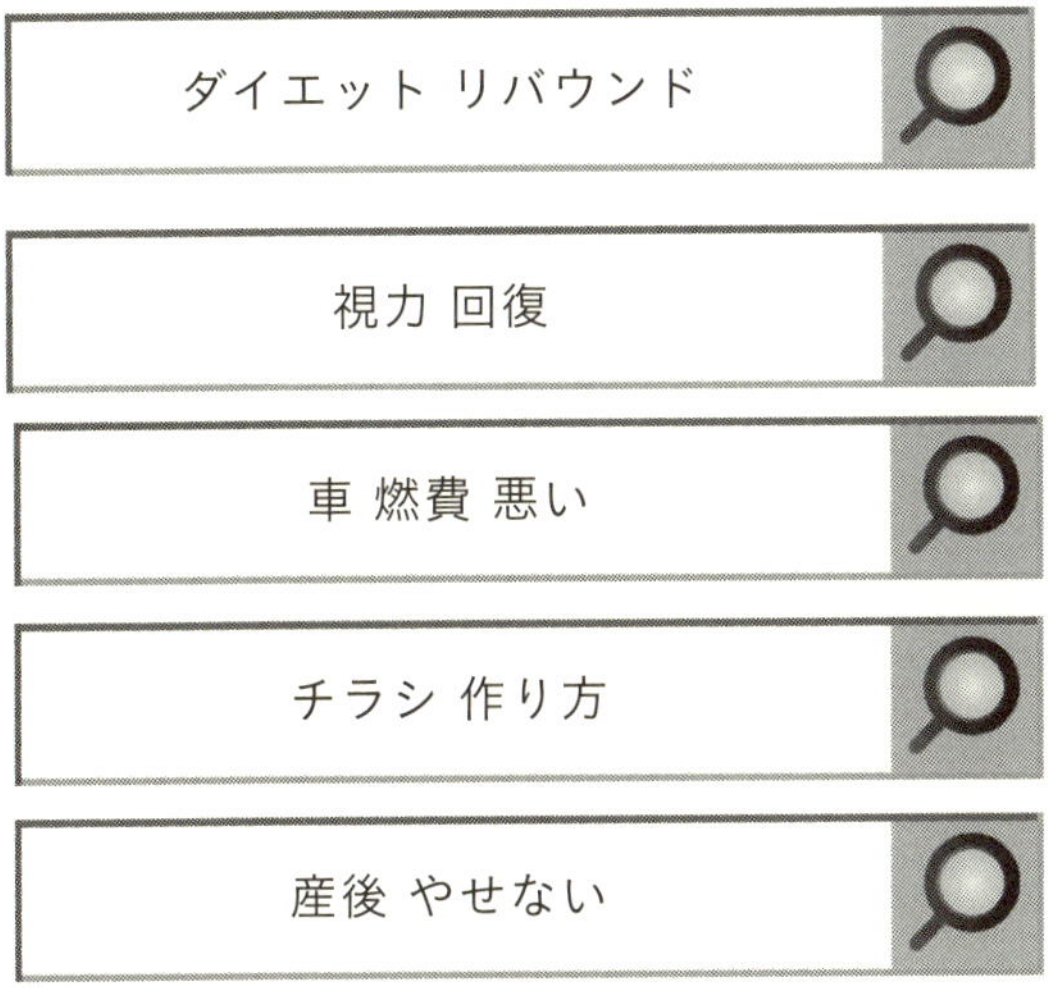
ダイエット リバウンド
視力 回復
車 燃費 悪い
チラシ 作り方
産後 やせない

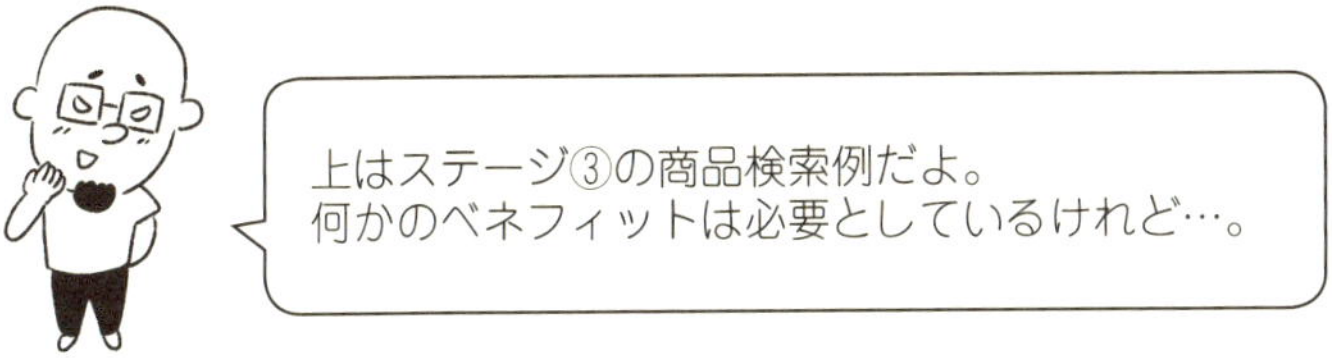
上はステージ③の商品検索例だよ。
何かのベネフィットは必要としているけれど…。

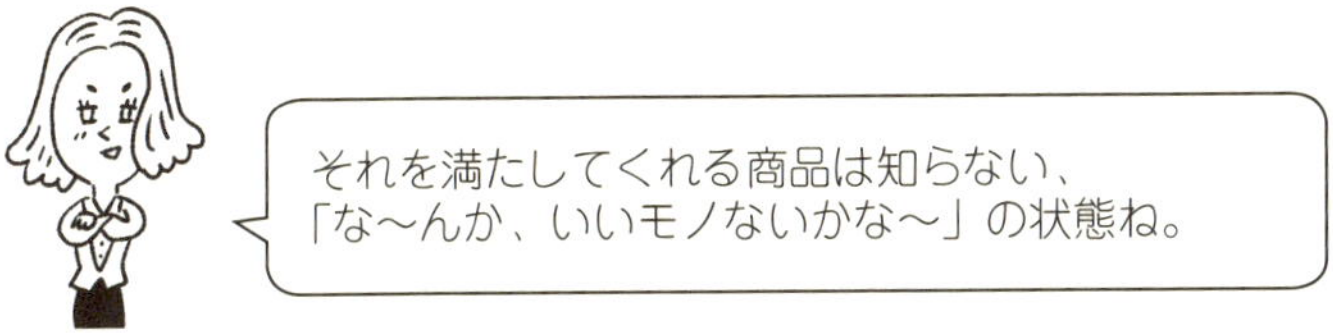
それを満たしてくれる商品は知らない、
「な〜んか、いいモノないかな〜」の状態ね。

ステージ④「まったく無関心……ってか、要らないんですけど」

でもさ、認知度があるってまだ可能性は高いんじゃない？　まったく無関心な人ってのが、世の中一番多い気がする。どうするの？　振り向かせるには方法ある？

はっきり言って、まったく無関心な人からレスポンスを得るのは難しい。だから、**このステージでは戦わない！　これが最善策。**

なによそれ〜、ダメじゃないの！

ただし、抜け道がないとも言えない。まったく無関心なターゲットに対して、有効なコピーを作ることはなかなか厳しいんだけど。

ふふ、あんたもここが限界ね？

いや。**同じ商品でもターゲット自体を変えて、商品認知ステージ③に持っていく裏ワザを使うんだ。**

裏ワザ？

デロンギヒーターの実例を話すね。斎藤駿氏が著書で書いている、非常に面白い話なんだ（参照『なぜ通販で買うのですか』斎藤駿・集英社新書。斎藤氏は「通販生活」の発行元であるカタログハウスの創業者）。

デロンギヒーターって、アコーディオンみたいな形の床置きの暖房器具よね。オイルヒーターとも言われているわね。

もともとはヨーロッパで補助暖房器具として使われていたもので、日本に入ってきたのは1987年。でも、全然売れなかった。

どうして？　今ではけっこう普及してるのに。

当時の日本人にとっては新しすぎたんだよ。主暖房をサポートする役目の器具で、ガッツリ温風を出して一気に部屋を暖めてくれるわけではないからね。

暖房器具なのにあまり暖かくならないということで、消費者は関心を持たなかったわけね。せっかく輸入したのに、大ピンチじゃない。それでどうしたの？

発想を変えて、これまでと違うターゲットを設定したんだ。

デロンギヒーターの新しいターゲット

・エアコンの温風が苦手な人。
・温風で喉を痛めてしまう人。
・ひと晩中寝室を暖めたいけれど、暖房のしすぎや換気が気になる人。

なるほど。これなら「デロンギヒーターに無関心な人」も「既存のファンヒーターに不満を持つ人」に変わるかもね。

そう。そしてこんなコピーをつけて販売したんだよ。

ステージ③に対応させたデロンギヒーターのコピー

寝室に置いておくと、
ひと晩中ホテルに泊まっているような快適さ。

これ、ステキ！ 欲しくなるもん。
発想の転換という面で、エスキモーの冷蔵庫の話と似ているわね。

ターゲット設定をガラリと変えたことで、「まったく無関心……なんですけど」という状況が逆転。メガヒット商品になったんだよ。コピーライティングの力ってすごいでしょ！

結論⑥

❶さまざまなネット媒体が存在するが、次の基本をおさえていればシンプル。

❷スプリットテストが大切。

❸どんな媒体でもキャッチコピーが存在する。

❹ターゲットの商品認知ステージによって、コピーを変える。

❺まったく無関心な状態でも、ターゲット設定を変えて成功できるケースもある。

第7章

WEB媒体ごとのツボを知り倍々で結果を出す

フェイスブック、リマケなどネット広告の意外なキホン

3つのターゲット層にアプローチできる「リスティング広告」

いろはちゃんは、「売れるコピー」に必要な基本を、もう獲得したよ。あとは実践するのみ！

ここからが本当の勝負ね！ はりきっちゃうわ。

最後は、代表的なネット広告媒体の特徴について伝えておくね。ではまず、リスティング広告からいくよ。今はグーグル広告や、ヤフースポンサードサーチが主流になってるね。

うちの会社も、グーグルでリスティング広告出してるわ。

リスティング広告の特徴は、**①②③の3つの商品認知ステージすべてにアプローチができること**。ターゲットにしたい商品認知ステージの適切なキーワードを見抜いて、設定することが必要になるよ。

検索してトップに表示されるいくつかの記事に注目

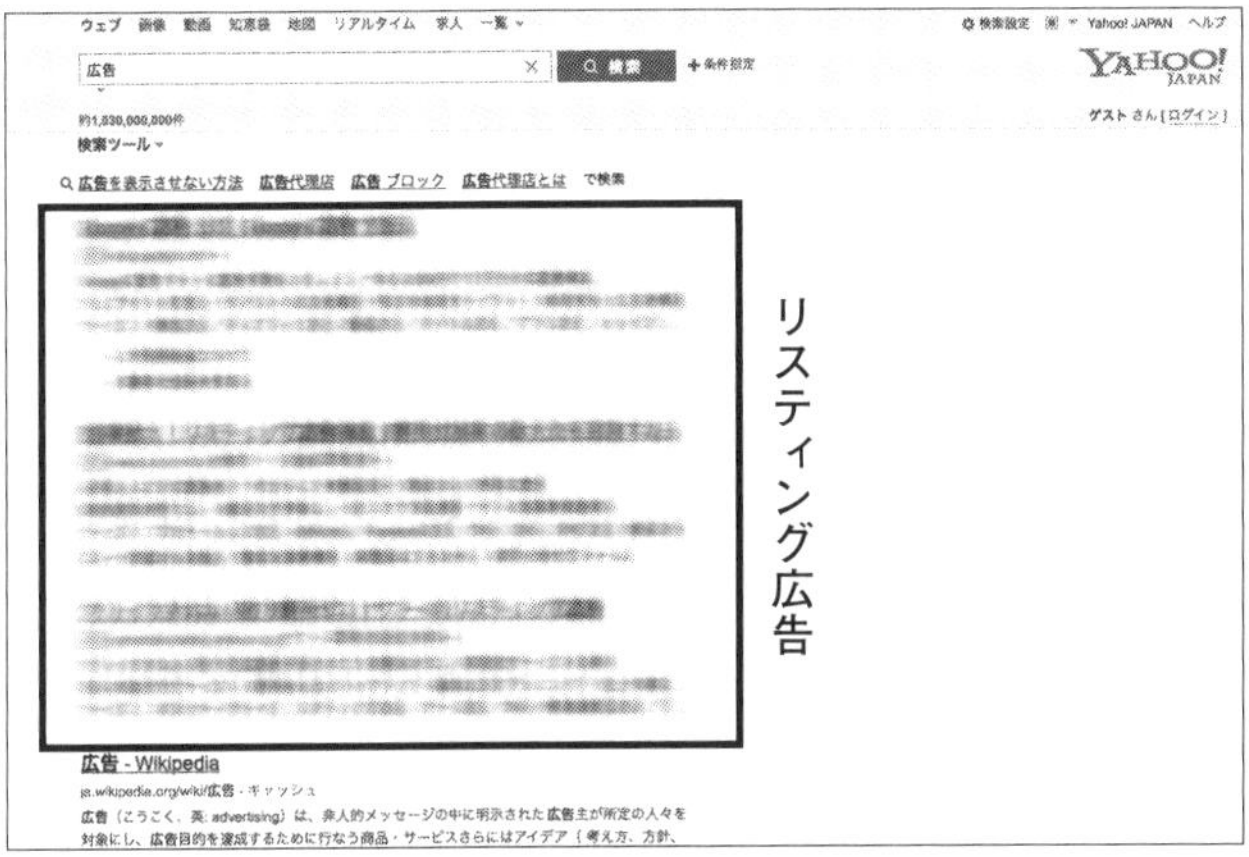

リスティング広告は商品ステージを必ず意識。
たとえば、レーシックならこうなるよ。

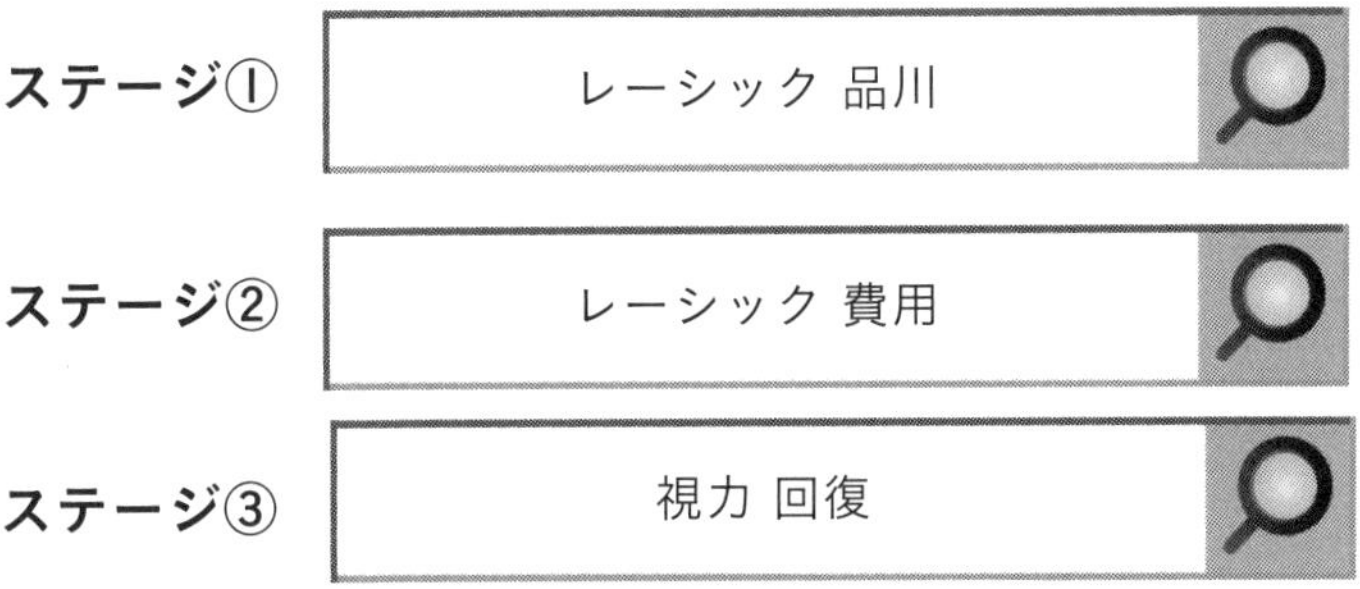

同じ商品でも、商品認知ステージによって、キーワードが変わるってことね。

そういうこと。そして、**商品認知ステージごとに、バナーやＬＰのコピーを変えると、さらにレスポンスがアップする**よ。

え！バナーやＬＰを複数作るの？

ベストの結果を望むなら、そうすべきだよ。何度も言うように、ターゲットが求めているレベルによって、響く訴求内容が違うからね。

商品認知ステージ③の人が、商品認知ステージ①向けのバナーをクリックすることはめったにない、ということね。

その通り。万が一クリックしても、ステージ③の人がステージ①向けに書かれたコピーを読み進めることはないからね。

ちなみに今さらなんだけど、ＬＰのことも教えて〜！

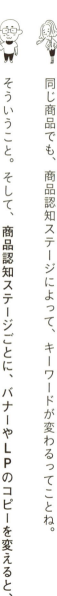

売れる「LP（ランディングページ）」の大前提と構成要素

どの媒体に広告を出すとしてもLP（ランディングページ）が必要になるよ。

LPって、楽天とかでよく見る、下にずっとスクロールしていって読まないといけない、1ページの長い画面のやつよね？

そうだよ。例えるなら、縦長にしたダイレクトメールかな。
LPのイメージ例は63ページに掲載しているよ。

実はさ、競合がみんな縦に長いページを使ってたから、うちも、そんな感じのページを作ってたんだけど、そもそも、なんで、LPが必要なの？

たとえば、全商品をたった1人のセールスマンが売る会社と、商品ごとに専属のセールスマンがいる会社って、どっちが伸びると思う？

そりゃ後者でしょ。

どうして、そう思うの？

各営業マンが商品について詳しくなるし、それを欲しがるお客さんにも詳しくなるわよね。売れる提案を考えやすくなるし、セールストークにも磨きがかかるわ。

ネットでもそれと同じことをするために、ＬＰが必要なんだ。

つまり、ＬＰって、その商品専用のセールスマンってこと？

そういうこと！　次にいろはちゃんが作った１４９ページのヘルメット広告をもとに、ＬＰの代表的な構成を説明したから見てちょうだい。

ＬＰの代表的な構成

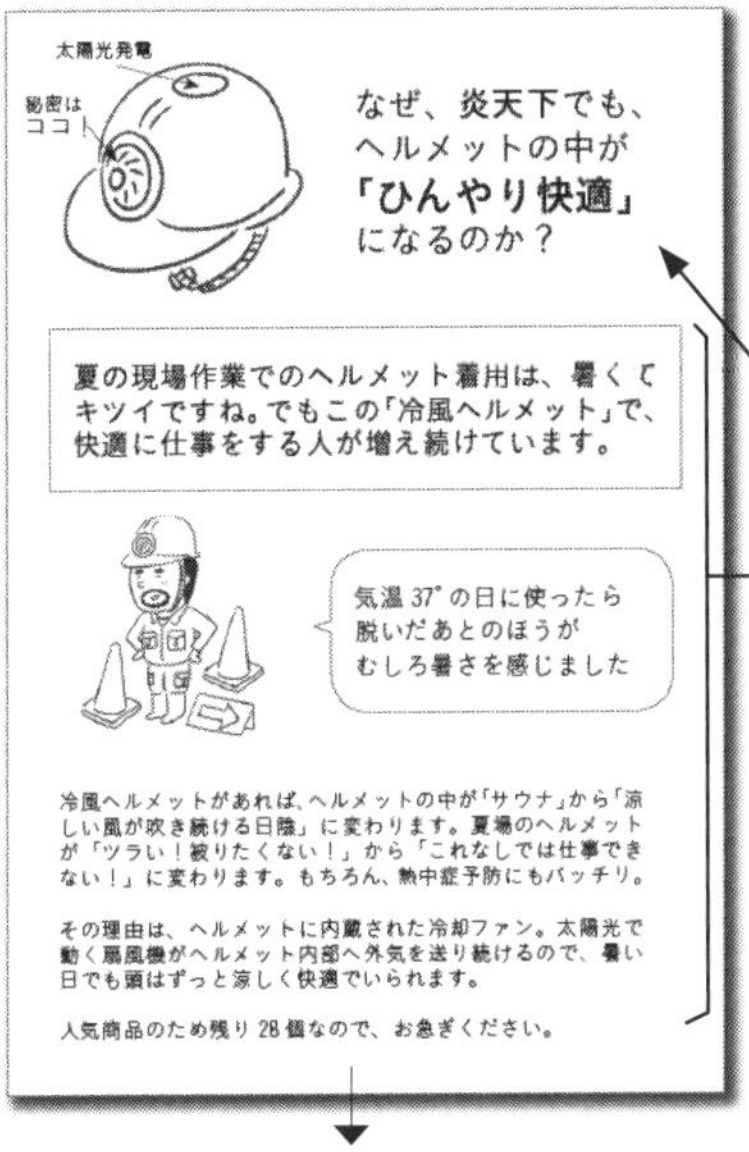

【大前提】
ＬＰは**１つの商品や１つの提案だけを徹底的に解説**する。たとえば、ここで冷風ヘルメットのほかに 25 年塗料も説明して売ろうとしても逆効果。

【キャッチコピー】
最初に必ず来る。

【ボディコピー】
ステップに沿って商品を説明。

【申し込み法】
最後に、申し込みフォームを置いて、お客様がすぐに申し込めるようにする。

ラストに申し込み法

実際のＬＰは各要素をもっと細かく説明していて
ボリュームがあるけど、基本的な考え方は一緒。

キャッチやボディコピーの書き方は
今まで習った手法を全部生かせるのね！

商品ごとに最強のセールスマンを用意する感じね。

正確に言うと、商品ごとに最強のセールスマンを「育てる」って感じかな。

どういうこと？

たとえば、キャッチコピーだけ異なるLPや申し込みフォームだけが異なるLPを作って戦わせたりするんだ。**LPは、スプリットテストを繰り返して、レスポンスを向上させていくことができる**からね。

はあ〜、これも地道な作業が必要なのね〜。
あとLPで気になるのが、あの大きな1ページスクロールの作り。あれ、ショボくない？

そこがポイントなんだ。階層の多いホームページだと、バナーから飛んできたお客さんが、最後まで読む前に別のページに移動してしまいやすいんだよ。

あら、制作費をケチってるのかと思ってたわ。

お客さんをキャッチコピーでつかんで、そのままボディコピーを読んでもらい、買いたくなるように説得していく。そのためには、**１ページのシンプルな作りがベスト**なんだよ。
それから、さっきいったように同じ商品でも、商品認知ステージにわけてＬＰを作るのが効果的。次にまとめたからＬＰを作るときの参考にして。

●商品認知ステージごとのＬＰの特徴

【ターゲットが商品認知ステージ①のＬＰ】

お客さんは「今すぐ欲しい」と思っているわけだから、「あなたが今すぐ欲しいと思っているものが、最高の条件で手に入りますよ！」というＬＰを作る。

【ターゲットがステージ②のＬＰ】

「気になってはいるけど検討段階」だから、「うちで買うのが一番賢いですよ！」というＬＰを作る。

【ターゲットがステージ③のＬＰ】

「商品のことはよくわかっていないけれど、解決したい問題や欲求がある」状態だから、先に「こんなベネフィットが手に入りますよ。素晴らしい方法ですよ。それがこの商品です」という流れにする。

商品別のLP作って、さらに、商品認知ステージ別のLPも作るって……めっちゃタイヘンじゃない！ 考えるだけでげんなりするわ。

でも、リスティング広告の専門代理店は、実際にいくつものLPを作って、スプリットテストを繰り返して、数ヶ月から1年くらい時間をかけて、最高のLPに磨いていくんだ。

はあ。自慢じゃないけど、私にはその根性ないわよ！

最高のLPを作るまでは、時間もお金もかかるけど、できあがってしまえば、あとはラク！ 腕の良いセールスマンがどんどんお客さんを呼びこんでくれるようなものだからね。

わかったわ。やるしかないのね……。キャッチは自分で考えて、デザインは外注するわ。

あと、これはさすがにやらないとは思うけど、キャッチコピーにでっかく会社名を入れるのはやめようね。

え！　どうして？

今まで見てきたキャッチに社名なんて入ってないでしょ。社名が販売において一番のウリになるならＯＫだけど、そんなケース少ない。いろはちゃんならわかってるよね。

も、もちろんよ！（実は、すでにそういったページをいくつか作っている）

ダメなＬＰの見本

見つかる前に消去、消去と。

…………

「ウザい。消えろ」を克服できる「フェイスブック広告」の基本戦略

ＳＮＳ広告ってどうなの？

じゃあ、代表的なフェイスブック広告について話そう。ここでクイズ。フェイスブックはどの商品認知ステージになる？

うーん、セグメントで細かくターゲットを絞れるから、①か②！

ブブブー。基本的に、**商品認知ステージ③で戦う媒体**だよ。出稿時にセグメントを絞りこめるから、一見そう見えるけど、これが落とし穴。属性と欲求は別物なんだ。

ちょっと何言ってるかわからない。

学習塾の広告を出したいとき、「13～18歳の子どもがいる大阪市内在住」と絞ったとする。

うん、いいんじゃないの？

そうかな？　この属性に含まれるユーザーみんなが、子どもの学習塾を探しているとは限らないんじゃない？

ああ〜。まあ、みんなではないわね。

属性で絞った場合、商品認知ステージ①や②のターゲットに該当するのは、そのうち２割くらいなんだ。

あら少ないのね。コスパ悪そう！

フェイスブックはセグメントで絞りこめるからと勘違いして、やたら商品を売りこむ広告を出してしまい、効果が出ないケースってけっこう多いんだ。

自分の実感でも、フェイスブック広告に興味を持ったことは少ないわね。

だから覚えておいて！
フェイスブックでは、基本的に商品認知ステージ③に向けた広告を出すこと。

「基本的に」ってことは、例外もあるの？

商品によってはあえてステージ①〜②を狙ってもOKなケースはあるよ。たとえば流行っていたり、爆裂オファーがある商品。でも、失敗したくなかったらステージ③が安全。

盲点ね〜。でもさ、商品ステージ③の人がどうしたら振り向いてくれる？ 私なんて、フェイスブックの広告はジャマだなっていつも思ってるわ。ほとんど見てないもの。

いろはちゃんのように、広告のバナーを空気のようなもののように感じてるユーザーのほうが多いはずだよ。だいたいが、スルーされてる。

そう、視界に入ってないわ。というよりウザいから、消えてほしいわ！

だからフェイスブックのバナーで有効なポイントは、こうなるよ。

フェイスブック広告で有効なポイント

・広告っぽさを消す。
・有益で興味深い情報が手に入る雰囲気を出す。
・読み手が属するキーワードを入れる（歯科医師、デザイナーなど）。

ガツガツ売り込んじゃいけないのね！

ただし、何度も言うけど**もし劇的に強烈なオファーがあるなら、そのまま出すのもアリ。爆裂オファーは、ステージ③を②や①に引き上げちゃうからね。**

あとさ、ときどき、ブログの記事みたいなページにリンクしてるフェイスブック広告を見かけるけど、あれってどうなの？ LPじゃないよね？

ある意味LPなんだ。広告臭さを消すために、あえて、ああいったデザインにしてる。

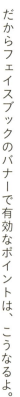

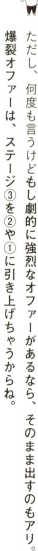

ははあ。広告っぽさを消してるだけで、実質ＬＰなのね。

内容自体は商品認知ステージ③のコピーなんだけど、見た目をブログっぽくして、いかにも「有益な情報が学べる雰囲気を出してる」ってこと。

なんか例を出してよ。

たとえば、筋トレ用のサプリを売るとき、「ボディビルダーが、ササミを食べなくなった３つの理由」みたいなキャッチでバナーを作って、筋トレに興味があるユーザーが「へぇ～、そうなんだ」ってフムフム読み進めるようなコピーが書いてあるページへ飛ばす。

読み手からすれば、広告にリンクした意識が薄いってわけね。

そこがポイントなんだ。広告っぽさがないから、読み手は有益な情報だと思ってコピーを読み進める。でも、書かれている内容は、商品認知ステージ③に該当するコピーだから、読み進めると、結局、商品が欲しくなるってこと。

一般人に偽装した「カモフラージュ広告」ってところね。実際、効果は良いのかしら？

良かった、という言い方が正しいかな。数年前に流行って、今は時代遅れになりつつある。

お客さんも、どんどん賢くなってるってことね。

あと、こういった広告は、広告審査でNGになるケースも増えているようだし、重要なのは、**その時代にあわせて、いろんな見せ方が流行るけど、かならず衰退する時期がくる**ってことさ。

じゃあ、参考程度に聞いておくわね。あと、バナーの画像も重要でしょ？

当然だよ。むしろ**フェイスブック広告のバナーは、コピーよりも画像がクリック率に大きな影響をもたらす**んだ。面白いのは、僕自身が試した実験だと、プロっぽい画像ほどクリック率が低いこと。

え！ どうして？

画像が美しすぎると、広告がプロっぽくなって、売りこみされている印象がすぐわいちゃうんだ。**素人っぽいショボい画像に変えたら、クリック率が見事に上がった**んだよ。

ステージ③のお客さんに、売り込みをしてはいけない。これはもう鉄則なのね。

そう。ケースによるから一概には言い切れないけど、コリすぎてもいけないってことだね。

ところで、フェイスブック広告に「いいね」がたくさんついたら、何か良いことあるの？

あるよ。「いいね」だけじゃなくて、クリック率や申込数、コメント数、シェア数とか、**ユーザーのポジティブな反応が多ければ多いほど、フェイスブック側から良い広告と評価されて、少ない費用で、もっと多くのターゲットへ広告を表示できるようになる**んだ。

へ〜、初めて知った。費用をおさえながら、たくさん広告できるってことね。

詳細はフェイスブックの公式ヘルプ「関連度スコアについて」で解説されてるよ。逆に、広告を非表示にされるとか、ネガティブな反応が多いと、広告の表示が減ってしまうんだ。

フェイスブック広告も評価されているのね。リスティング広告の品質スコアみたい。

実感でいうと、リスティング広告よりも露骨。

ちなみに、フェイスブック広告に出向すると、同時にインスタグラムにも広告されるよ。

あ〜、インスタってフェイスブックがやってるんだよね。なんかちょっとトクした気分。

「メール広告」は件名に「ある要素」を入れると開封率がグンと上がる

これは復習だけど、メルマガなどのメール広告で一番大事なのは？

件名でしょ！

よく覚えてたね。どんな件名にするのかは、これまでと同じで、ターゲットがどの商品認知ステージなのかで変わる。次にまとめたから、参考にしてね。

商品認知度によるメール広告のコツ

【商品認知ステージ①】

既存の顧客リスト。お客さんは、すでに商品に興味を持ってるため、商品名を出して、魅力的なオファーや、他よりここがめっちゃいいポイントを言う。

【商品認知ステージ②】

資料請求やお試しに応募してくれたお客さん。ちょっと興味は持ってるけど、まだ、買うってほどの欲求はない。

商品をよく理解していないし、疑いも持っているため、具体的なベネフィット、社会的証明や権威、商品の新しい魅力や価値、他よりも優れている点などが伝わる件名がいい。ただし、「決算キャンペーン！ 先着30名様にかぎり80％OFF」のような超強烈なオファーがある場合は、それを語るのも有効。

【商品認知ステージ③】

商品を売る会社のことも、商品のことも、全く知らない人たち。商品名を入れないで、ベネフィットをしっかり語る。悩みや欲求をハッキリ提示して、意外な原因を伝え、そのベストな解決法として、商品を紹介する流れ。

DEmailなど他社媒体を使う有料メール広告が、このステージに相当する。

ターゲットがどのステージでも、件名を「どうしても続きが気になる表現」にするのが鉄則だよ。本文はボディコピーの書き方と同じように考えればＯＫ！

ふふん。ザイガニックはどのステージでも重要なのね！

注意したいのは、**いかにも広告っぽいメールにならないようにすること。**企業発信のメルマガであっても、個人が書いているようなメルマガを読んだことがあるんじゃない？

「こんにちは！　○○食品会社の担当の山田です。暑い日が続きますが、みなさんいかがお過ごしですか？」っていう感じのやつ？

それそれ。

けっこう見るわ。企業っていうより個人から私宛に書かれているような気になって、一応読むわね。これもカモフラージュ的ね。

だから読まれやすいし、メルマガ内のＵＲＬのクリック率も上がるんだ。

うちの会社のメルマガは私が書いてるの。何か他にコツとかってある？

1行19文字くらいで改行を多めに入れるやり方もあるよ。

えっ、何で？

メールの８割がスマホで見るって言われているからさ。

ああ、パソコン中心に改行すると、スマホで見ると変な場所で改行になってたりするわね。

ただし今後スマホがどういう仕様になるのかでまた変わるから、要注意だね。

「リマケ（リマーケティング）」の効果を爆上げさせる法則とは？

ネットでやたらと同じ内容のバナーがよく出てくるなーって思ったことない？

あるある。ここ数日間、どのサイトを見ても、ずーっと、同じ商品のバナーがでてくるんだけど、かなりお金をかけて広告してるのかな？

ちがうんだな。いろはちゃんは、その広告に追いかけられてるんだよ。

あらやだ、私のファンなのかしら？

結論から言うと、「リマケ」っていう広告があるんだ。ＬＰでもブログでも、オフィシャルページでも、特定のＷＥＢにアクセスした人に絞りこんで、広告を露出させる方法だよ。

えー、あれって偶然じゃないのね？　でも、しつこくてウザくない？

いやいや、商品へ興味を持ったお客さんを狙い撃ちできるわけだから、かなり効果的なんだ。**リマケは主にリスティング広告やフェイスブック広告で利用できるから、使わないともったいない**よ！

何度も見てしまうと、自然にその商品のことを覚えちゃうもんね。

「人は接触頻度が増えるほど好感を抱く」っていう理論をザイオンス効果というよ。それを考えると、ウザいって思う人もいるけど、欲しい人を増やす効果もやっぱりあるんだ。

何度も会っているうちに、彼のことが好きになっちゃった…ってやつね。

気をつけてほしいのは、もともとのＬＰで追いかけるのか、コピーを変えたＬＰを作って、そちらで追いかけるのかを、判断すること。

もともとのＬＰで追いかけてレスポンスが良いなら、変える必要はないのね？

そのとおり。だけど**リマケで反応が悪かったら、リマケ用に新たなＬＰを考えた方がいいね。**たとえば、別のベネフィットを伝えるキャッチコピーを作ってみたり…。

リマケのコピーは、どの商品認知ステージで考えるべきなの？

リマケは、バナーもＬＰも商品認知ステージ②だよ。だからもし、商品認知ステージ③のＬＰで広告していたら、リマケではステージ②のＬＰを作って配信する必要があるね。

「類似オーディエンス」はまず商品認知ステージ③で勝負

類似オーディエンスというのは、特定のＷＥＢにアクセスした人に近いタイプの人を、媒体が選んで広告を表示してくれるシステムなんだ。

えっと、つまり私みたいにダイエットに興味ある人を媒体が自動的に選んで、ダイエット関係の広告を出してくれるの？

そう。ＷＥＢにアクセスしてなくても、今までの検索傾向や年齢や性別などの属性から、いろはちゃんに似た人に「糖質カットクッキー新発売」みたいなバナーが出るってことさ。

誰が、どうやって選ぶの？

グーグル、ヤフー、フェイスブックなどだよ。お客さんのデータを持っているからね。
ただし、属性が近いからといって欲求レベルが高いとは限らないよね。

うん、まあそういう場合もあるだろうね。私、ライザップとかはトレーニングが厳しいイメージあるから興味ないし（糖質カットクッキーはめっちゃ食べたいけど）。

商品認知度ステージでいうと、②か③のあたり。だから**両方のキャッチコピーを作って、スプリットテストを行うのが一番良い。**

またスプリットか〜。

僕のこれまでの経験では、類似オーディエンスは**商品認知度ステージ③の人が圧倒的に多かったよ。**ステージ②だけで勝負すると失敗することが多いよ。

うちの会社も、類似オーディエンスをやったほうがいい？

うーん。予算も限られていることだし、**リマケをしっかりやるのが先決**だね！

結論⑦

❶商品認知ステージを理解することが重要。

❷ターゲットの商品認知ステージによって、適切な媒体を選ぶ。

❸リスティング広告はキーワード設定によって全商品認知ステージに、フェイスブックは商品認知ステージ③に、リマケは商品認知ステージ②にアピールできる。

❹LPを商品ごと、商品認知ステージごとに作るのが理想。

❺メール広告は、ターゲットの商品認知ステージに合わせてタイトルを書く。

はぁ～！

えっと、それは何のため息かな？

まだちょっと信じられないんだけど、今朝の朝礼で金一封出たの。
これまでやってきた広告が、商品の売上に貢献してるからだって。

嬉しいニュースだなあ！　結果が出るまであきらめないでよく粘ったね。
いろはちゃんはもう十分、自分でやっていけると思うよ。

ちょっと待ちなさいっ！
売上が伸びたことは嬉しいけど、これで満足しきったわけじゃないのよ。

いい意気込みだね。　引き続きトライ＆エラーで挑戦していこう。

私まだまだ学び足りないの。　もっとコピーのことを知りたいわ。

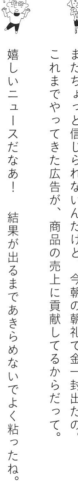

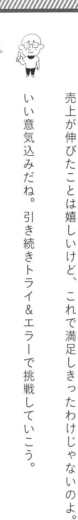

コピーの学びに終わりはないよ。やればやるほど発見もあるから、面白い！

それならもっとバシバシ教えなさいよ！
なんならこれから、あんたのことを「先生」と呼んであげてもいいけど？

その情熱があれば、コピーの腕は間違いなくどんどん上がっていくよ。
それにしても最初のいろはちゃんとは別人だなあ。

じゃあ先生、次は何を教えてくれるのかしら？ 逃げたらぶっとばすゾー！

おわりに　ユルいようでも、専門書50冊分のポイントが詰まってます

「いろはちゃん」と私のやりとりは楽しめましたか？

かなりユルい感じの本ですが、実は、**あなたが学んだことは、難しい専門書を50冊以上読み込まなければ理解できない内容**です。つまり、あなたは、売れるコピーの書き方、読んでもらえるコピーの書き方を、だいぶ近道して習得したということ。

また、本書でお伝えしている内容は、**ネットだけではなく、チラシやダイレクトメールなどの紙媒体でも応用できます。どんな媒体でも、どんな商品でも、「読まれる提案」「キャッチコピー」「ボディコピー」「商品認知ステージ」を無視して結果は出せません。**本書でお伝えしたコピーライティングの技術を、ぜひ、いろんな場で実践してください。

ガテン系用品店に勤めるいろはちゃんが主人公ということに、違和感を覚えた方もいるかもしれませんが、これには理由があります。わたしが何よりも大切にしている「読まれる提案」の重要性と可能性をご理解いただくために、あえて、ガテン系用品店にしました。

あなたは、「ワークマン」という会社を知っていますか？ 大手の作業服専門店ですが、あるタイミングで、一気に業績を拡大させます。それは、彼らが取り扱う作業服が、バイクや釣り、登山、ランニングを楽しむお客さんから、絶大な支持を得たことがきっかけでした。

アウトドアやスポーツブランドのウェアより、はるかに安いのに、防寒、防水などの機能性が高いことがＳＮＳで話題になり、一般ユーザーも作業服専門店へ足を運ぶようになったのです。それをきっかけに、ワークマンは、店舗デザインを一般ユーザー向けに改良した「ワークマンプラス」をオープンし、猛烈な勢いで店舗数と業績を伸ばし続けています。

本書では、いろはちゃんが、作業用の防寒着を釣り人に販売する提案を考えました。このストーリーは、実際にあったできごとがベースになっています。つまり、本書でお伝えした内容は絵空事ではなく、あなたのビジネスにも起こり得ることなのです。

これまで、たくさんのお客さんから、コピーライティングのご相談をいただきましたが、ほとんどの方が「何をどうやっても売れない」と悩んでいます。

でも、**考え方を変えて、売れる提案を見つければ、0が1に変わる。**

そして、**その提案を魅力的なキャッチコピーに変えることで、1が10に変わる。**あとは、**スプリットテストを繰り返して、レスポンスを最大化すれば、売上がひとケタ、ふたケタと増えていく**のです。

ぜひ、読み手のハートをガッチリつかむコピーを作り、目の前に広がる景色を変えてみませんか？　メールボックスが「申込み完了」のメールで埋め尽くされる毎日を楽しみませんか？

最後に、この本の制作に携《たずさ》わってくれた編集の荒川さま、ライターの大西さま、いつも信頼して任せてくれるクライアントのみなさま、10年近く一緒に仕事をしてきたコピーライターの森君、病弱なのにやんちゃだった僕を辛抱強く育ててくれたオカン、オトン、姉ちゃん、ウナギを捌《さば》けるほど料理上手の妻、僕に生きる理由を授《さず》けてくれた息子に感謝をお伝えし、本書の結びとさせていただきます。

大橋一慶

大橋一慶（おおはし・かずよし）

株式会社みんなのコピー代表。「売れるコトバ作り」の専門家。

2002年からネット広告のベンチャー企業に入社して以来、大手ADSLプロバイダーの見込み客リストを10万件以上獲得するなど、多くのWEBプロモーションを成功させる。独立後はセールスコピーライターとして、1,000件以上の広告に携わり、年間10億円の売上に貢献するなど、ネット・紙媒体を問わず多くの案件を成功させる。

なかでも「売りにくい商品を売ること」が得意で、学習塾、リフォーム、不動産、保険など、差別化が難しく、広告の反応が冷え切っている業界でも、クライアントの笑いが止まらない驚異的なレスポンスを叩きだす。

「みんなのコピー」フェイスブックページには１万件以上の「いいね！」がついており、ＳＮＳやブログにおける発信力にも定評がある。

○執筆協力　大西夏奈子
○装丁　安賀裕子
○イラスト　山中正大
○校正　本創ひとみ
○編集　荒川三郎

ポチらせる文章術《ぶんしょうじゅつ》

2019年11月6日　初版発行
2019年12月2日　2刷発行

著者　大橋一慶
発行者　常塚嘉明
発行所　株式会社 ぱる出版

〒160-0011　東京都新宿区若葉1-9-16
03（3353）2835―代表　03（3353）2826―FAX
03（3353）3679―編集
振替　東京 00100-3-131586
印刷・製本　中央精版印刷(株)

ISBN978-4-8272-1196-2 C0030